U0393644

电除尘器
选型设计指导书

中国环境保护产业协会电除尘委员会　编

中国电力出版社
CHINA ELECTRIC POWER PRESS

图书在版编目（CIP）数据

电除尘器选型设计指导书 / 中国环境保护产业协会电
除尘委员会编. —北京：中国电力出版社，2013.10
（2015.5 重印）
  ISBN 978-7-5123-4992-6

  Ⅰ. ①电… Ⅱ. ①中… Ⅲ. ①静电除尘器–选型②静
电除尘器–设计 Ⅳ. ①TU834.6

  中国版本图书馆 CIP 数据核字（2013）第 231631 号

中国电力出版社出版、发行

（北京市东城区北京站西街 19 号　100005　http://www.cepp.sgcc.com.cn）
北京博图彩色印刷有限公司印刷
各地新华书店经售
*
2013 年 10 月第一版　2015 年 5 月北京第二次印刷
787 毫米×1092 毫米　16 开本　6.25 印张　126 千字
印数 3001—4500 册　定价 **28.00** 元

敬 告 读 者

本书封底贴有防伪标签，刮开涂层可查询真伪
本书如有印装质量问题，我社发行部负责退换

版 权 专 有　翻 印 必 究

编 委 会

《燃煤电厂电除尘器选型设计指导书》

主　　编　郦建国

评审专家　舒英钢　黄　炜　刘卫平　闫克平

　　　　　朱建波　黎在时　王励前　张德轩

　　　　　朱法华　石培根　郭　俊　林国鑫

　　　　　张滨渭　梁可新　蒋亚彬　陈宇渊

　　　　　蒋庆龙　谢友金　林尤文　解　标

　　　　　翟鸿平　胡汉芳　李　宁

《电除尘器供电装置选型设计指导书》

主　　编　邹　标　郭　俊　谢友金

评审专家　黄　炜　舒英钢　林尤文　刘卫平

　　　　　蒋庆龙　陈焕其　曹为民　蒋云峰

　　　　　谢小杰　郑国强　陈宇渊　赵　富

　　　　　魏文深　冯肇霖　杨羽军　郑伟良

　　　　　徐建达　卢泽锋　张谷勋　丁　铭

　　　　　赵　惠　钟剑锋

序

　　中国环境保护产业协会电除尘委员会（以下简称电委会）是中国环境保护产业协会下设的专业委员会之一，是集我国电除尘行业各路精英的权威组织。电委会由浙江菲达环保科技股份有限公司、福建龙净环保股份有限公司、浙江大学等企业、高等院校及科研院所组成，其主要功能是为国家节能减排献计献策，为行业需求提供优质服务和沟通平台，为电除尘技术创新增添活力，为科技人员技术交流搭建平台。

　　电除尘器是国际公认的高效除尘设备，具有高效率、低排放、低能耗且无二次污染的优点，对于国内大部分煤种具有广泛的适应性。我国是电除尘器设计、生产、使用大国，电除尘行业已发展成为我国环保产业中能与国际厂商相抗衡且最具竞争力的一个行业，技术水平也取得了长足的进步，但离电除尘强国尚存在一定差距，尤其在电除尘器的选型设计方面，差距较大。电委会组织编制的《燃煤电厂电除尘器选型设计指导书》和《电除尘器供电装置选型设计指导书》，是电除尘行业集体智慧的结晶，是对 30 多年来电除尘本体及供电装置选型技术全面系统的总结，全面论述了电除尘器本体、供电装置选型设计技术，内容丰富翔实，可操作性强。本书指出了达到新烟尘排放标准电除尘器需要的技术条件及其经济性，认为电除尘器电场数量达到 6 个、比集尘面积为 $150m^2/(m^3 \cdot s^{-1})$ 时，仍具有较好的经济性。介绍了应对《火电厂大气污染物排放标准》（GB 13223—2011）和《环境空气质量标准》（GB 3095—2012）的电除尘新技术及新工艺，认为在达到特别排放限值和 $PM_{2.5}$ 治理需求背景下，电除尘器仍是我国烟尘治理的主流设备。

　　本书的出版，将进一步推动和引导电除尘行业的技术进步，规范行业市场，提升行业整体技术水平。本书可为电除尘领域的政策制定提供借鉴，为科研、设计、制造和使用单位科学地选择除尘设备提供参考。值本书出版之际，我代表电委会全体同仁，向编纂、评审本书的各位专家以及长期关心和支持电除尘行业发展的社会各界表示衷心的感谢！

　　一个地球，一片蓝天，环境保护不分国界。"天更蓝、水更清、山更绿"是人类的共同责任与目标，让我们同心协力，与时俱进，为祖国美好的明天，为社会经济的全面协调和可持续发展作出更大的贡献。

中国环保产业协会电除尘委员会

主任委员

2013 年 6 月

编 者 的 话

电除尘器具有除尘效率高、设备阻力低、处理烟气量大、运行费用低、维护工作量少且无二次污染等优点，长期以来在电力行业除尘领域占据着绝对的优势地位，已是国际公认的高效除尘设备。电除尘器本体及供电装置的选型设计直接影响电除尘器性能，选型设计必须考虑影响电除尘器性能的多种因素。电除尘器的性能与燃煤性质有很大关系，而我国火电厂存在着煤种多变的特殊情况，因此，电除尘器本体及供电装置的选型设计有时需借助于经验，从某种意义上讲不仅是一门技术，更是一门"艺术"。近年来，我国电除尘技术水平虽取得了长足进步，但与发达国家相比，我国的电除尘器本体、供电装置选型设计尚存在一定差距，由于历史原因，我国电除尘器普遍存在电场数量偏少、比集尘面积偏小、供电装置选型不规范的现象，使部分电除尘器不能达标。《火电厂大气污染物排放标准》的征求意见稿出台之际，还曾有人对电除尘器是否仍是我国烟尘治理的主流设备产生质疑，本书的编制正是基于此背景下提出来的。

中国环境保护产业协会电除尘委员会(以下简称电委会)于 2009 年 3 月在厦门召开的四届六次常委会研究决定，委托浙江大学收集整理国外电除尘器相关资料，浙江菲达环保科技股份有限公司编制适合我国国情和燃煤特点的燃煤电厂电除尘器选型设计指导材料。历经 1 次会议评审、3 次函审，共收到意见 163 条，编制组经过数次斟酌、修改，经电委会五届一次常委会审定、通过，于 2010 年 4 月形成了《燃煤电厂电除尘器选型设计指导书》（第一稿）。该指导书发布后，在一定程度上推动和引导了电除尘行业技术进步，规范了行业市场，提升了行业整体技术水平。

为应对《火电厂大气污染物排放标准》（GB 13223—2011）的要求，2012 年 3 月在南宁市召开的电委会五届三次常委会上，下达了对《燃煤电厂电除尘器选型设计指导书》（第一稿）进行修订的任务，仍由浙江菲达环保科技股份有限公司负责实施。历经 2 次函审、2 次研讨会，共收到意见 58 条，其中 2013 年 4 月在三亚市召开的电委会五届四次常委会上，对《燃煤电厂电除尘器选型设计指导书》（第二稿 送审稿）进行了专题研讨，与会领导及专家提出了许多建设性意见，拓宽了编制组的思路。编制组经过数次讨论、修改，于 2013 年 6 月形成了《燃煤电厂电除尘器选型设计指导书》（第二稿）。第二稿指导书增加了除尘难易性评价的方法，提高了指导书的实用性和可操作性；提出了通过改变烟气治理岛工艺系统，大幅提高除尘效率的概念；强调了采用电除尘新技术（含多种新技术的集成）或新工艺的必要性；分析了电除尘器出口烟气含尘浓度限值为 20mg/m^3 时的适应性与对策，增加了电除尘器出口烟气含尘浓度限值为 20mg/m^3 时的燃煤电厂电除尘器选型设计指导意见；拟定了燃煤电厂电除尘器提效改造技术路线。与第一稿相比，第二稿指导书的内容更加科学、翔实，可操作性更强，将更好地发挥行业指导作用。

2010 年 10 月在南京召开的第十一次全国电除尘供电电源技术研讨会上，电委会确定编制电除尘器供电装置选型设计指导书，由福建龙净环保股份有限公司和厦门绿洋电气有限公司负责编写，历经 2 次会议评审、2 次函审，共收到意见 78 条，编制组经过数次讨论、修改，历时一年半。经电委会五届三次常委会审定并一致通过，于 2012 年 3 月形成了《电除尘器供电装置选型设计指导书》。

本书分为两部分，第一部分为《燃煤电厂电除尘器选型设计指导书》、第二部分为《电除尘器供电装置选型设计指导书》，全面论述了电除尘器本体、供电装置选型设计技术。《燃煤电厂电除尘器选型设计指导书》包括影响电除尘器性能主要因素分析、电除尘器适应性研究、选型设计及修正、除尘设备技术经济性分析、电除尘新技术及新工艺、电除尘器选型设计指导意见、电除尘器提效改造技术路线制定等内容。《电除尘器供电装置选型设计指导书》包括了供电装置的分类、供电装置的适用性、供电装置的设备容量选型、节能减排的实用技术等内容。

本书是电除尘行业集体智慧的结晶，是对 30 多年来电除尘本体及供电装置选型技术、经验全面系统的总结，共享了行业经验。本书得到了陈国榘、蒙骝、龙辉等多位资深专家的悉心指导，也得到了国内同行、学者、用户的帮助，在此表示诚挚的谢意，同时感谢浙江菲达环保科技股份有限公司刘云、余顺利、袁伟锋、梁丁宏和福建龙净环保股份有限公司陈丽艳、李文芹、陈颖、刘发秀等同志的辛勤工作。

希望本书能够为电除尘器本体及供电装置选型设计提供参考，为用户、设计单位、制造单位选择合适的除尘设备提供帮助。

由于编者学识及经验有限，书中难免出现疏漏之处，恳请专家、读者批评指正。另外，本书编写过程中还参阅了大量文献、标准资料，未能一一列出，在此谨向有关专家、学者和同仁致谢。

编委会

2013 年 6 月

目　录

第 1 部分

燃煤电厂电除尘器选型设计指导书

目　次

前　言

本指导书代替第一稿（2010 年）《燃煤电厂电除尘器选型设计指导书》。

与第一稿相比，除编辑性修改之外，本指导书的主要技术变化如下：

——对"煤、飞灰样主要成分及其分布"、"国内煤、飞灰样 ω_k 统计分析"进行了补充，煤种的煤、飞灰样本由 122 种增至 200 种，并由此对"电除尘器的适应性分析"作了调整；

——增加了电除尘器适应性的定义；

——增加了三种电除尘器对煤种除尘难易性评价的方法；

——对"电除尘器实测结果分析"进行了补充，增加了中国环境保护产业协会电除尘委员会在 2002 年 1 月～2010 年 4 月对国内 175 套 600MW 以上机组配套电除尘器进行测试的结果；

——提出了通过改变烟气治理岛工艺系统，大幅提高电除尘器除尘效率的概念。增加了"电除尘新工艺"，将第一版的"电除尘器的适应性分析"改为"电除尘器适应性与对策"，增加了"电除尘器出口烟气含尘浓度限值为 20mg/m³ 时的适应性与对策"；

——增加了 20mg/m³ 时的燃煤电厂电除尘器选型设计指导意见，强调了推荐使用电除尘新技术（含多种新技术的集成）或新工艺；

——对"除尘设备技术经济性分析"进行了修改；

——增加了第 11 章"燃煤电厂电除尘器提效改造技术路线的制订"；

——附录 B"煤、飞灰成分对电除尘器性能的影响分析"改为"影响电除尘器性能主要因素分析"；

——"推荐使用的与电除尘器配套的实用技术"改为"推荐使用的电除尘新技术及新工艺"，增加了低低温电除尘技术及湿式电除尘技术等新技术、新工艺的内容，并对其他新技术进行了完善。

本指导书的附录 A 为规范性附录，附录 B～附录 F 为资料性附录。

本指导书由中国环境保护产业协会电除尘委员会组织修订，并委托浙江菲达环保科技股份有限公司负责实施。

本指导书主编：郦建国。

本指导书评审专家：舒英钢、黄炜、刘卫平、闫克平、朱建波、黎在时、王励前、张德轩、朱法华、石培根、郭俊、林国鑫、张滨渭、梁可新、蒋亚彬、陈宇渊、蒋庆龙、谢友金、林尤文、解标、翟鸿平、胡汉芳、李宁。

本指导书由中国环境保护产业协会电除尘委员会负责解释。

燃煤电厂电除尘器选型设计指导书

1 目的

本指导书旨在进一步推动和引导电除尘行业的技术发展和进步，指导用户和设计单位合理选择电除尘新技术及新工艺，杜绝部分电除尘器设计偏小、配置不规范以及电除尘器改造方案选择不当而导致部分设备投运后烟尘排放不能达标的现象；规范电除尘行业科学合理地进行电除尘器（ESP）选型设计以及电除尘器提效改造，保证设备性能和较好的经济性，提升行业整体技术水平，满足国家日益严格的烟尘排放要求。

出台《火电厂大气污染物排放标准》（GB 13223—2011）和执行国家重点控制区特别排放限值，意味着作为主流除尘设备的电除尘器需具备更佳的除尘性能，这对电除尘器选型设计及提效改造提出了更高的要求。由于电除尘器性能受多个因素影响，且各因素间相互关联、相互作用，使其选型设计工作更具专业性和复杂性。本指导书通过分析研究中国煤种成分及其对电除尘器运行性能影响、国内投运电除尘器实情、国内外电除尘器规范、电除尘器对煤种的除尘难易性（简称除尘难易性）评价方法，提出了电除尘器选型设计的主要流程，包括选型设计条件和要求及其分析、电除尘器适应性研究、选型设计及其修正、除尘设备技术经济性分析。提出了电除尘器选型设计的指导意见和提效改造技术路线指导意见，为电除尘器供货单位、设计建设单位及管理部门科学合理地选择电除尘器及其提效改造方案提供技术支持。

2 范围

本指导书适用于燃煤电厂干式、板式、卧式电除尘器。不适用于半干法脱硫后的电除尘器、其他行业的电除尘器以及使用其他燃料的电厂电除尘器。

本指导书分别以电除尘器出口烟气含尘浓度 $50mg/m^3$ [1]、$30mg/m^3$、$20mg/m^3$ 及其以下作为基础进行编写。

本指导书提出了电除尘新工艺，以进一步扩大电除尘器的适应范围。

3 选型设计流程

电除尘器选型设计遵循图 1 所示流程，即

---

[1] 烟气在温度为 273K，压力为 101 325Pa 时的状态，简称"标态"。本指导书中所规定的含尘浓度均指标准状态下干烟气的数值。

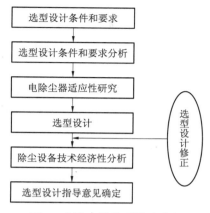

图 1　电除尘器选型设计流程

4　选型设计条件和要求

为使电除尘器选型正确，必须提供系统概况、燃煤性质、飞灰性质、烟气成分分析、设计参数、厂址气象和地理条件、达到电除尘器出口烟气含尘浓度限值的条件等选型设计用基本资料（不限如此），见附录 A。

5　选型设计条件和要求分析

对选型设计条件的分析，主要是选型设计条件对电除尘器除尘性能影响的分析；对选型设计要求的分析，主要是性能要求分析。

影响电除尘器性能的因素很复杂，但大体上可以分为三大类。对燃煤电厂而言，首先是工况条件，包括燃煤性质（成分、挥发分、发热量、灰熔融性等），飞灰性质（成分、粒径、密度、比电阻、黏附性等），烟气性质（温度、湿度、烟气成分等）等；其次是电除尘器的技术状况，包括结构形式、极配类型、同极间距、电场划分、气流分布的均匀性、振打方式、振打力大小及其分布（清灰方式及效能）、制造及安装质量和电气控制特性等；第三则是运行条件，包括操作电压、板电流密度、积灰情况、振打（清灰）周期等。这些影响因素中，工况条件为主要影响因素，其中煤、飞灰成分对电除尘器性能的影响最大。此外，还存在着诸如飞灰物相组分，显微结构（灰粒形状、孔隙率及孔隙结构、表面状况），浸润性等方面对电除尘器性能的影响。虽然对这些方面的系统论述和定量计算还缺乏基础，但选型时应给予注意。

烟气治理岛加装 SCR 脱硝系统后，对电除尘器的除尘性能也有一定的影响。加装 SCR 后，烟气中阴电性气体分子的含量显著提高，尤其是水分子的含量，有利于改善除尘性能。加装催化剂后，烟气中的少量 SO_2 被氧化成 SO_3，起到了一定的烟气调质作用，有利于降低飞灰比电阻，可提高电除尘器的除尘效率。

各影响因素的具体分析参见附录 B。

5.1 煤、飞灰样主要成分及其分布

在煤的成分中，对电除尘器性能产生影响的主要因素有 S_{ar}、水分和灰分。飞灰成分包括 Na_2O、Fe_2O_3、K_2O、SO_3、Al_2O_3、SiO_2、CaO、MgO、P_2O_5、Li_2O、TiO_2 及飞灰可燃物等。

对国内 200 种煤种的煤、飞灰样主要成分进行统计分析，见表1。

表 1　国内煤、飞灰样主要成分含量分布

成　　分	变化范围（参考值）	平均值（参考值）
S_{ar}	0.11%～3.47%	0.82%
Na_2O	0.02%～3.72%	0.75%
Fe_2O_3	1.14%～23.64%	7.40%
K_2O	0.12%～4.98%	1.23%
MgO	0.17%～12%	1.37%
Al_2O_3	9.76%～52.63%	26.72%
SiO_2	13.6%～70.3%	50.52%
CaO	0.48%～28.47%	5.98%

注：以上数据为 200 种煤种的统计值，但国内煤种数量超过该数量，因此以上各成分的含量变化范围及平均值将有所变化，如有专家提供的数据表明：
(1) S_{ar} 含量的变化范围为 0.11%～9%；
(2) Al_2O_3 含量的变化范围为 2.24%～52.6%；
(3) CaO 含量的变化范围为 0.6%～50%。

5.2 煤、飞灰及烟气性质对电除尘器性能的影响分析

5.2.1 煤、飞灰成分中的 S_{ar}、Na_2O、Fe_2O_3、Al_2O_3 及 SiO_2 对电除尘器性能影响很大。其中，S_{ar}、Na_2O、Fe_2O_3 对除尘性能起着有利的影响；Al_2O_3 及 SiO_2 对除尘性能则起着不利的影响。煤、飞灰成分对电除尘器性能的影响是其综合作用的结果。

Li_2O、K_2O、SO_3、CaO、MgO、P_2O_5、TiO_2 及飞灰可燃物对电除尘器性能的影响相对较小（在美国南方研究所的 Bickelhaupt 先生的比电阻预测实验研究报告中，把 Li_2O 和 Na_2O 的含量之和作为一个影响因素，实验结果表明，两者之和虽然很小，但其微小的变化，对粉尘比电阻的影响却很大。但国内有关专家对此观点存在异议）。其中，K_2O、SO_3、P_2O_5、Li_2O、TiO_2 对除尘性能起着有利的影响，CaO、MgO 对除尘性能则起着不利的影响。

5.2.2 烟气中水分含量的影响是显而易见的。炉前煤水分高，烟气的湿度也就大，有利于飞灰吸附而降低粉尘表面电阻（$SO_3+H_2O=H_2SO_4$），粉尘的表面导电性也就好。另外，水分可以抓住电子形成重离子，使电子的迁移速度迅速下降，从而提高间隙的击穿电压。总之，水分高，则击穿电压高、粉尘比电阻下降、除尘效率提高。在燃煤含水量很高的锅炉烟气中，尤其是烟温不是很高时，水分对电除尘器的性能起着十分重要的作用。

5.2.3　煤的灰分高低，直接决定了烟气中的含尘浓度。对于特定的工艺过程和在一般含尘浓度范围内，驱进速度或表观驱进速度将随着烟气含尘浓度的增加而增大。但含尘浓度过大，会产生电晕封闭。出口烟气含尘浓度要求相同时，其设计除尘效率的要求也越高。烟气含尘浓度高，所消耗表面导电物质的量大，对高硫、高水分的有利作用折减幅度大。综合来讲，高灰分对电除尘器的烟尘排放是不利的。

5.2.4　烟气温度对飞灰比电阻影响较大。一般而言，飞灰比电阻在烟气温度为 150℃ 左右时达到最大值，如果从 150℃ 下降至 100℃ 左右，比电阻降幅最大可达一个数量级以上；同时，烟气温度降低，击穿电压提高，有利于提高运行电压，减小烟气量，从而增大了比集尘面积（SCA），增加了电场停留时间，对除尘有利。

5.2.5　烟气中 SO_3 含量对除尘性能影响很敏感。高 S_{ar} 煤时，S_{ar} 对电除尘器的性能起着主导的作用；而低 S_{ar} 煤时，S_{ar} 的影响相对减弱，电除尘器的性能主要取决于飞灰中碱性氧化物的含量、烟气中水的含量及烟气温度等。

5.2.6　飞灰粒径对驱进速度有较大影响。当粒径大于 $1\mu m$ 时，粉尘驱进速度与粒径为正相关；当粒径为 $0.1\mu m \sim 1\mu m$ 时，粉尘的驱进速度最小；当粒径小于 $0.1\mu m$ 时，粉尘驱进速度与粒径为负相关。总体来说，$PM_{2.5}$ 电场荷电和扩散荷电均较弱，电除尘器对其除尘效率相对较低，且其黏附性较强，振打加速度不足时，清灰效果差，振打加速度较大时，易引起二次扬尘。

5.2.7　同时满足 S_{ar} 含量小于 0.3%、Na_2O 含量小于 0.2%、（$Al_2O_3 + SiO_2$）的含量大于 90% 或 Fe_2O_3 含量小于 2% 四个条件中的三个及以上时，电除尘器的除尘难度较大，一般可称其为困难状态，选型时应特别注意。

5.3　煤、飞灰的其他性质对电除尘器性能的影响分析

5.3.1　挥发分的高低直接影响煤燃烧的难易程度，挥发分高的煤易燃烧，而燃烧的程度又将影响烟气及飞灰成分。

5.3.2　发热量越低，煤耗就越大，因此烟气量越大。

5.3.3　灰的熔融温度与其成分有密切关系，灰中 Al_2O_3、SiO_2 含量越高，则灰的熔融温度越高；Na_2O、K_2O、Fe_2O_3、MgO、CaO 等有利于降低灰的熔融温度。一般地，灰的熔融温度高，不利除尘。

5.3.4　一般地，粒度小，堆积密度大。当真密度与堆积密度之比大于 10 时，电除尘器二次飞扬会明显增大，应给予注意。

5.3.5　由于飞灰有黏附性，可使微细粉尘凝聚成较大的粒子，这有利于除尘。但黏附力强的飞灰，会造成振打清灰困难，阴、阳极易积灰，不利于除尘。一般地，粒径小、比表面积大的飞灰黏附性强。

6　电除尘器适应性研究

　　电除尘器适应性指电除尘器在满足经济性、保证安全可靠运行、不产生二次污染的前提下，达到性能指标的适应程度。

6.1 电除尘器效率的基本公式及表观驱进速度 ω_k

电除尘器效率计算式为

$$\eta = 1 - e^{-\omega \cdot A/Q} \tag{1}$$

式中：

η——除尘效率，%；

Q——烟气流量，m^3/s；

A——总集尘面积，m^2；

ω——驱进速度，cm/s。

式（1）被称为 Deutsch 公式，它一直是电除尘器的设计公式，至今仍在应用。但它假设颗粒尺寸为一常值，粉尘和气流在极间距空间里面的混合是完全均匀的，并且粉尘一旦被收尘极板捕集就不再返回电场空间，而这些假设在实际工程中是不可能存在的。

1964 年，瑞典专家 S.麦兹（Sigvard Matts）对 Deutsch 公式进行了修正，使用了表观驱进速度 ω_k 的概念。

$$\eta = 1 - e^{-(\omega_k \cdot A/Q)k} \tag{2}$$

式中：

k——常数。

选择不同的 k 值，$\omega_k = f(\eta)$ 曲线有不同的形态。当 $k=1$ 时，ω_k 变成了 ω，即为我们所熟知的 Deutsch 公式，来自许多装置的数据表明，$k=0.5$ 时，$\omega_k = f(\eta)$ 接近于常数，即此时 ω_k 趋向不再随前后电场粉尘粒径的变化而改变，也不再随所要求除尘效率的高低而变化。此时，可以将 ω_k 十分简单地看成是一个"收尘难易参数"（Precipitation Parameter）。由于 ω_k 克服了众多应用中的粒径分布问题，而使其使用更加方便。经验表明，相对于原始 Deutsch 公式中的驱进速度，常数值的 ω_k 出现在更广的除尘效率范围。最新的研究也表明，ω_k 不仅与煤、飞灰成分有关，而且在很大程度上也依赖于电除尘器电源技术。

6.2 电除尘器对煤种的除尘难易性评价

煤、飞灰成分直接影响电除尘器的除尘性能。电除尘器的除尘性能是煤、飞灰成分、电气控制综合作用的结果。

一般地，煤、飞灰成分直接影响着 ω_k 值。ω_k 值的大小可评价电除尘器对粉尘的收尘难易程度，ω_k 值越大，电除尘器对粉尘的收集越容易。利用国外引进的选型软件，可对 ω_k 进行计算。它对煤中 S_{ar}，水分和灰分，飞灰中 Na_2O、Fe_2O_3、K_2O、SO_3、Al_2O_3、SiO_2、CaO、MgO、P_2O_5、Li_2O、TiO_2，以及进口烟气含尘浓度，烟气温度等进行了综合分析。结合 30 余年的设计、应用经验，它可进行电除尘器对煤种的除尘难易性评价。见表 2。

表 2　电除尘器对煤种的除尘难易性评价

ω_k 值 cm/s	$\omega_k<25$	$25 \leq \omega_k<35$	$35 \leq \omega_k<45$	$45 \leq \omega_k<55$	$\omega_k \geq 55$
除尘难易性评价	难	较难	一般	较容易	容易

此外，还可按"煤种名称"、"煤、飞灰成分"、"多元回归分析法"进行电除尘器对

煤种的除尘难易性评价，参见附录 C。

6.3 电除尘器的适应性与对策

6.3.1 国内煤、飞灰样 ω_k 统计分析

6.3.1.1 对 200 种国内煤、飞灰样本的 ω_k 值进行计算，其所对应的 ω_k 值的变化范围为 20cm/s～63.11cm/s，其平均值为 45.17cm/s，见表 3。

表 3　ω_k 值所对应的煤种统计结果

ω_k 值 cm/s	$\omega_k<25$	$25\leqslant\omega_k<35$	$35\leqslant\omega_k<45$	$45\leqslant\omega_k<55$	$\omega_k\geqslant55$
除尘难易性评价	难	较难	一般	较容易	容易
占煤种总数百分比 %	2.5	15.0	29.5	37.0	16.0

6.3.1.2 国内典型煤种飞灰主要成分见表 4，除尘难易性评价及 ω_k 值范围见表 5。

表 4　国内典型煤种飞灰主要成分及电除尘器进口含尘浓度（*DW*）

序号	煤种	成分 %										*DW* g/m³
		A_{ar}	S_{ar}	Na_2O	Fe_2O_3	K_2O	SO_3	MgO	Al_2O_3	SiO_2	CaO	
1	筠连无烟煤	32.25	2.80	1.40	12.18	1.40	4.57	1.54	18.33	51.77	7.69	39.30
2	重庆松藻矿贫煤	25.35	3.47	0.76	16.51	0.85	2.38	0.63	24.36	44.61	5.22	24.00
3	神府东胜煤	11.00	0.41	1.23	13.85	0.72	9.30	1.28	13.99	36.71	22.92	13.32
4	神华煤	8.50	0.45	1.23	11.36	0.73	9.30	1.28	13.99	36.71	24.69	25.00
5	神木烟煤	6.40	0.39	1.50	7.00	0.70	11.00	1.20	13.00	35.00	26.00	—
6	锡林浩特利胜利煤田褐煤	20.22	1.00	2.53	7.74	1.59	4.50	2.13	20.16	52.86	4.89	23.96
7	陕西黄陵煤	18.61	0.98	0.44	5.08	1.33	6.28	1.67	17.12	53.64	6.63	34.62
8	陕西烟煤	28.83	0.90	0.91	5.72	0.78	4.68	0.91	26.66	51.70	4.17	34.62
9	龙堌矿烟煤	23.80	0.78	0.72	11.53	1.43	2.26	1.66	21.83	50.64	10.76	24.80
10	珲春褐煤	32.18	0.24	1.62	5.26	1.46	2.20	1.83	23.73	58.70	2.22	—
11	平庄褐煤	20.41	0.89	1.19	7.99	3.00	0.38	1.34	21.99	60.14	3.36	—
12	晋北煤	19.77	0.63	0.78	23.46	1.55	1.28	1.27	15.73	50.41	3.93	22.00
13	纳雍无烟煤	21.38	2.90	3.63	7.85	1.39	1.10	1.96	25.19	54.40	2.88	—
14	水城烟煤	30.86	2.15	1.32	10.41	0.81	0.54	0.92	28.75	50.25	3.56	—
15	铁法矿煤	30.58	0.39	1.78	7.53	2.43	0.74	1.62	19.87	59.91	1.58	—
16	永城煤种	21.59	0.42	0.68	3.56	2.43	2.12	1.04	9.76	54.87	4.48	25.47
17	江西丰城煤	30.00	1.62	1.10	7.09	1.29	0.02	0.46	32.12	54.90	0.64	34.62
18	俄霍布拉克煤	13.63	0.62	2.29	8.65	4.98	1.67	2.41	19.06	54.08	5.24	21.00
19	大同地区煤	22.44	1.11	0.53	8.95	1.15	1.28	1.30	31.76	50.50	2.89	29.05

表 4（续）

序号	煤种	成分 %										DW g/m³
		A_{ar}	S_{ar}	Na_2O	Fe_2O_3	K_2O	SO_3	MgO	Al_2O_3	SiO_2	CaO	
20	乌兰木伦煤	13.07	0.58	0.82	6.11	1.20	6.69	1.18	14.99	45.01	18.21	14.40
21	古叙煤田的无烟煤	16.18	1.11	0.62	11.38	0.89	3.65	0.79	26.00	50.77	3.12	14.10
22	山西平朔2号煤	18.30	1.00	0.71	4.14	0.80	1.32	0.44	42.16	42.76	3.50	25.00
23	活鸡兔煤	7.04	0.50	0.43	20.66	0.70	16.20	1.08	12.66	26.31	18.09	7.10
24	陕西彬长矿区烟煤	18.88	0.73	0.30	5.42	0.87	4.15	1.59	22.46	49.59	11.66	19.90
25	山西平朔煤	21.47	1.13	0.68	2.63	0.43	2.20	0.33	40.02	47.96	4.15	24.76
26	宝日希勒煤	7.22	0.24	0.52	12.04	0.74	5.42	2.31	18.80	42.86	12.65	10.80
27	金竹山无烟煤	32.87	0.80	1.00	4.18	1.86	1.86	1.35	32.00	53.97	2.72	—
28	水城贫瘦煤	23.78	0.43	0.42	7.81	0.81	0.73	0.67	27.06	55.98	4.23	
29	滇东烟煤	32.45	0.85	0.57	8.97	0.16	0.75	1.04	22.43	58.94	3.25	—
30	山西无烟煤	20.84	0.39	0.52	3.97	1.34	2.95	1.03	30.39	52.05	4.55	
31	龙岩无烟煤	30.00	0.98	0.14	7.79	2.27	5.31	2.88	28.61	40.86	9.27	
32	鸡西烟煤	34.15	0.22	0.90	3.35	2.08	0.18	0.96	22.34	64.38	0.48	
33	新集烟煤	26.33	0.63	0.62	4.76	0.95	1.76	0.61	32.61	53.64	1.08	33.30
34	淮南煤	26.65	0.35	0.70	3.20	1.00	1.20	1.20	33.00	54.00	2.00	33.90
35	平朔安太堡煤	21.30	0.87	0.49	3.60	0.67	1.67	0.81	33.50	52.31	4.65	23.30
36	神华侏罗纪煤	7.55	0.47	0.37	15.00	0.70	11.00	1.20	13.00	30.00	28.00	8.77
37	山西贫瘦煤	20.00	0.37	0.62	4.55	0.85	0.62	1.23	31.15	52.88	5.67	21.73
38	鹤岗矿煤	34.93	0.19	0.70	4.53	2.46	0.70	0.79	20.79	66.71	1.56	47.39
39	山西汾西煤	26.86	0.55	0.61	2.82	1.48	0.45	0.70	30.90	59.65	1.36	30.40
40	霍林河露天矿褐煤	19.01	0.34	0.69	2.82	1.11	1.7	0.94	22.6	64.25	4.01	34.58
41	淮北烟煤	29.80	0.70	0.28	4.50	1.78	1.59	1.16	32.81	55.18	2.40	41.50
42	大同塔山煤	11.76	0.45	0.34	5.17	0.85	2.29	0.44	35.47	48.69	3.21	13.30
43	同忻煤	24.52	0.80	0.17	5.76	0.34	1.19	0.41	38.97	47.24	2.13	29.60
44	伊泰4号煤	16.77	0.63	0.20	6.36	0.78	1.51	0.62	34.70	49.90	2.27	20.00
45	兖州煤	21.39	0.55	0.32	3.99	1.54	2.08	1.44	27.45	55.93	4.17	24.82
46	山西晋城赵庄矿贫煤	20.97	0.33	0.43	2.64	0.85	1.45	1.40	30.55	57.03	3.53	24.80
47	郑州贫煤（告成矿）	28.11	0.17	0.40	4.93	1.40	1.06	0.94	29.00	54.24	6.04	—
48	来宾国煤	39.25	0.31	0.10	11.86	0.78	1.50	0.97	25.31	51.13	3.01	
49	平顶山烟煤	37.80	0.44	0.13	4.05	0.30	0.41	0.40	27.93	64.57	0.60	53.70
50	准格尔煤	21.36	0.62	0.02	2.56	0.22	0.49	0.47	46.50	42.75	4.18	19.8

表 5　国内典型煤种除尘难易性评价及 ω_k 值范围

除尘难易性评价	ω_k 值范围 cm/s	煤种名称	产地	备注
容易	$\omega_k \geq 55$	筠连无烟煤	四川	
		重庆松藻矿贫煤	重庆	
		神府东胜煤	陕西、内蒙古	
		神华煤	陕西、内蒙古	
		神木烟煤	陕西	
		锡林浩特胜利煤田褐煤	内蒙古	
较容易	$45 \leq \omega_k < 55$	陕西黄陵煤	陕西	1. 西南地区的高硫煤除尘难易性评价多为"容易"; 2. 山西煤种除大同塔山煤、同忻煤等以外，除尘难易性评价多为"较容易"或"一般"; 3. 河南、河北及东北地区煤种除尘难易性评价多为："一般"; 4. 内蒙古的准格尔煤和陕西神府东胜煤是两种典型煤种，其他煤种除尘难易性也参差不齐
		陕西烟煤	陕西	
		龙堌矿烟煤	山东	
		珲春褐煤	吉林	
		平庄褐煤	内蒙古	
		晋北煤	山西	
		纳雍无烟煤	贵州	
		水城烟煤	贵州	
		铁法矿煤	辽宁	
		永城煤种	河南	
		江西丰城煤	江西	
		俄霍布拉克煤	新疆	
		大同地区煤	山西	
		乌兰木伦煤	内蒙古	
		古叙煤田的无烟煤	四川	
		山西平朔 2 号煤	山西	
		活鸡兔煤	陕西	
一般	$35 \leq \omega_k < 45$	陕西彬长矿区烟煤	陕西	
		山西平朔煤	山西	
		宝日希勒煤	内蒙古	
		金竹山无烟煤	湖南	
		水城贫瘦煤	贵州	
		滇东烟煤	云南	
		山西无烟煤	山西	
		龙岩无烟煤	福建	
		鸡西烟煤	黑龙江	
		新集烟煤	河北	
		淮南煤	安徽	

除尘难易性评价	ω_k 值范围 cm/s	煤种名称	产地	备注
一般	$35 \leqslant \omega_k < 45$	平朔安太堡煤	山西	1. 西南地区的高硫煤除尘难易性评价多为"容易"； 2. 山西煤种除大同塔山煤、同忻煤等以外，除尘难易性评价多为"较容易"或"一般"； 3. 河南、河北及东北地区煤种除尘难易性评价多为"一般"； 4. 内蒙古的准格尔煤和陕西神府东胜煤是两种典型煤种，其他煤种除尘难易性也参差不齐
一般	$35 \leqslant \omega_k < 45$	神华侏罗纪煤	陕西	
一般	$35 \leqslant \omega_k < 45$	山西贫瘦煤	山西	
一般	$35 \leqslant \omega_k < 45$	鹤岗煤	黑龙江	
一般	$35 \leqslant \omega_k < 45$	山西汾西煤	山西	
较难	$25 \leqslant \omega_k < 35$	霍林河露天矿褐煤	内蒙古	
较难	$25 \leqslant \omega_k < 35$	淮北烟煤	安徽	
较难	$25 \leqslant \omega_k < 35$	大同塔山煤	山西	
较难	$25 \leqslant \omega_k < 35$	同忻煤	山西	
较难	$25 \leqslant \omega_k < 35$	伊泰 4 号煤	内蒙古	
较难	$25 \leqslant \omega_k < 35$	兖州煤	山东	
较难	$25 \leqslant \omega_k < 35$	山西晋城赵庄矿贫煤	山西	
较难	$25 \leqslant \omega_k < 35$	郑州贫煤（告成矿）	河南	
较难	$25 \leqslant \omega_k < 35$	来宾国煤	广西	
难	$\omega_k < 25$	平顶山烟煤	河南	
难	$\omega_k < 25$	准格尔煤	内蒙古	

6.3.2 电除尘器实测结果分析

2004 年 1 月～2010 年 3 月，对国内 100 套 300MW 以上机组（其中 1000MW 机组 9 套、600MW 机组 55 套、300MW 机组 36 套）配套电除尘器进行测试，由测试结果统计分析得出，实测除尘效率达到设计保证效率的电除尘器占总数的 96%；在电场数量基本上为 4 个、比集尘面积（SCA）为 $80m^2/(m^3 \cdot s^{-1})$～$110m^2/(m^3 \cdot s^{-1})$ 的情况下，出口烟气含尘浓度小于等于 $50mg/m^3$ 的电除尘器数占总数的 60%，其中，出口烟尘浓度小于等于 $30mg/m^3$ 的电除尘器数占总数的 18%，出口烟尘浓度小于等于 $20mg/m^3$ 的电除尘器数占总数的 5%。

此外，在中国环境保护产业协会电除尘委员会于 2011 年 8 月组织编制的《关于中国电除尘产业发展和节能减排的报告》中，对 2002 年 1 月～2010 年 4 月所测试的国内 175 套 600MW 以上机组配套电除尘器的测试结果进行统计发现，所测电除尘器全部达到合同规定的技术要求，电除尘器电场数量基本上为 4 个、比集尘面积为 $80m^2/(m^3 \cdot s^{-1})$～$110m^2/(m^3 \cdot s^{-1})$；在这一较少电场数量及较小比集尘面积的前提下，电除尘器出口烟气含尘浓度小于等于 $50mg/m^3$ 的有 83 套，占测试项目总数的 47.4%，其中，出口烟气含尘浓度小于等于 $30mg/m^3$ 的有 22 套，占测试项目总数的 12.6%，出口烟气含尘浓度小于等于 $20mg/m^3$ 的有 7 套，占测试项目总数的 4%。

需要指出的是，项目测试一般在电除尘器投运不久后进行，机组燃煤一般为设计煤种或与设计煤种接近。一般地，电除尘器随着投运时间增长或煤种变化时，其效率会有一定程度的下降；但对于中国多数的煤种，在适当增加电场数量和 SCA 的情况下，不高于 $50mg/m^3$ 甚至 $30mg/m^3$、$20mg/m^3$ 的出口烟气含尘浓度是可以实现的。

6.3.3　电除尘新工艺

在发达国家，即使在极低烟尘排放标准条件下，电除尘器仍被广泛地使用。如美国，2005 年规定的烟尘排放限值为 $20mg/m^3$，其电除尘器约占 80%；在日本，大部分地方政府制订的烟尘排放标准限值均低于 $20mg/m^3$，但其燃煤电厂几乎全部采用电除尘器；在欧盟（如德国），电除尘器应用比例也非常高。燃煤电厂应用电除尘器时，除了准确识别电除尘器对煤种的除尘难易程度、选取合适的比集尘面积外，合理选择烟尘治理的工艺路线显得尤为重要。电除尘器适应极低烟尘排放标准及扩大适应范围的新工艺如下：

6.3.3.1　通过低温省煤器或热媒体气气换热装置（MGGH）降低电除尘器入口烟气温度至酸露点温度以下，降低粉尘比电阻，粉尘特性得到很大改善，从而大幅提高除尘效率，同时可以去除烟气中大部分的 SO_3。此技术是一项新技术，另外，从通过降低烟气温度改变工况条件这一角度看，也是一项新工艺。可作为环保型燃煤电厂的首选除尘工艺，也可与其他成熟技术优化组合。燃煤电厂烟气治理岛（低低温电除尘）典型系统布置见图 2 和图 3。

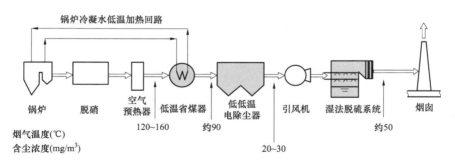

图 2　燃煤电厂烟气治理岛（低低温电除尘）典型系统布置图一

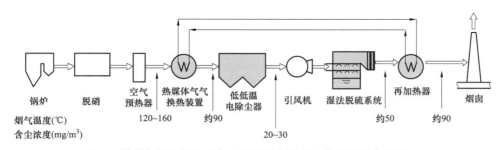

图 3　燃煤电厂烟气治理岛（低低温电除尘）典型系统布置图二

6.3.3.2　通过改变烟尘治理工艺布置，湿法脱硫前的电除尘器只需保证满足脱硫工艺要求，湿法脱硫后增加湿式电除尘器，一并解决石膏雨、微细颗粒物（$PM_{2.5}$ 粉尘、SO_3 酸雾、气溶胶）、烟尘低排放等问题。特别地，在当前国家要求重点控制区要达到特别排放限值和高度重视 $PM_{2.5}$ 治理背景下，这种治理工艺方案具有非常突出的优势。

燃煤电厂烟气治理岛（湿式电除尘）典型系统布置见图 4 和图 5（可不布置低温省煤器或热媒体气气换热装置）。

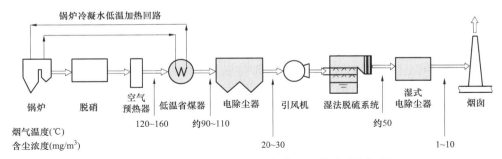

图 4　燃煤电厂烟气治理岛（湿式电除尘）典型系统布置图一

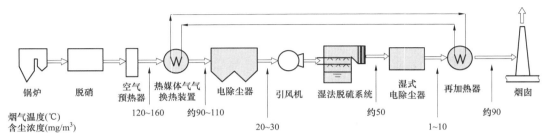

图 5　燃煤电厂烟气治理岛（湿式电除尘）典型系统布置图二

6.3.4　电除尘器适应性分析与对策

综合煤、飞灰成分对电除尘器性能影响的分析、电除尘器对国内煤种的除尘难易性评价结果分析、电除尘器实测结果分析以及电除尘新工艺分析，可以充分说明在烟尘排放标准异常严格的今天，电除尘器仍有着广泛的适应性，且在达到特别排放限值和 $PM_{2.5}$ 治理需求背景下，电除尘新工艺具有非常突出的优势。电除尘器出口烟气含尘浓度限值为 $50mg/m^3$、$30mg/m^3$、$20mg/m^3$ 时的适应性分析与对策建议分别见表 6～表 8。

表 6　电除尘器出口烟气含尘浓度限值为 $50mg/m^3$ 时的适应性与对策

除尘难易性	ω_k 值 cm/s	占统计煤种总数量百分比 %			适应性与对策
容易	$\omega_k \geqslant 55$	16.0			适应性好，首选电除尘器
较容易	$45 \leqslant \omega_k < 55$	37.0	82.5	97.5	
一般	$40 \leqslant \omega_k < 45$	20.0			
	$35 \leqslant \omega_k < 40$	9.5			
较难	$25 \leqslant \omega_k < 35$	15.0	15.0		适应性一般，可以使用电除尘器，建议采用电除尘新技术
难	$\omega_k < 25$	2.5	2.5	2.5	适应性较差，建议采用电除尘新技术、新工艺
注："占统计煤种总数量百分比"为参考值					

表 7　电除尘器出口烟气含尘浓度限值为 30mg/m³ 时的适应性与对策

除尘难易性	ω_k 值 cm/s	占统计煤种总数量百分比 %		适应性与对策
容易	$\omega_k \geqslant 55$	16.0		适应性好，首选电除尘器
较容易	$45 \leqslant \omega_k < 55$	37.0	73.0 82.5	
一般	$40 \leqslant \omega_k < 45$	20.0		
	$35 \leqslant \omega_k < 40$	9.5		适应性一般，可以使用电除尘器，建议采用电除尘新技术
较难及难	$\omega_k < 35$	17.5		适应性较差，建议采用电除尘新技术、新工艺

注："占统计煤种总数量百分比"为参考值

表 8　电除尘器出口烟气含尘浓度限值为 20mg/m³ 时的适应性与对策

除尘难易性	ω_k 值 cm/s	占统计煤种总数量百分比 %		适应性与对策
容易	$\omega_k \geqslant 55$	16.0	53.0	适应性好，首选电除尘器
较容易	$45 \leqslant \omega_k < 55$	37.0	73.0	
一般	$40 \leqslant \omega_k < 45$	20.0		适应性一般，可以使用电除尘器，建议采用电除尘新技术
	$35 \leqslant \omega_k < 40$	27.0		适应性较差，建议采用电除尘新技术、新工艺
较难及难	$\omega_k < 35$			

注："占统计煤种总数量百分比"为参考值

7　选型设计及修正

如何确定电除尘器的大小满足烟尘排放标准，是电除尘器应用上的一个主要问题。选型过大，会使成本增加，造成浪费；选型过小，会使烟尘排放超标，后果则更为严重。

电除尘器选型中所面临的主要问题和电除尘器性能取决于许多因素这一事实有关，这些不断变化的因素，对电除尘器的选型造成了复杂的影响。电除尘器性能不但与工况条件，即燃煤性质（成分、挥发分、发热量、灰熔融性等）、飞灰性质（成分、粒径、密度、比电阻、黏附性等）、烟气性质（温度、湿度、烟气成分等）等有关，同时与电除尘器的技术状况，包括结构形式、极配类型、同极间距、电场划分、气流分布的均匀性、振打方式、振打力大小及其分布（清灰方式及效能）、制造及安装质量以及电气控制特性等有关，还与锅炉型式、运行方式及电除尘器运行条件，包括操作电压、板电流密度、积灰情况、振打（清灰）周期等有关。

众所周知，在决定比集尘面积（SCA）时，驱进速度 ω 是关键参数。20 世纪 80 年代初，世界上很多知名的电除尘器公司，如美国的 Lodge–Cottrell 公司，德国的 Lurgi 公司等，都认为不能用理论计算的办法来求得 ω 值。因为它是一个与许多因素有关的经验数据，只能靠经验（有时通过中间试验）来确定。也就是说，如果电除尘器的选型要根据严格的数学公式，则在这样的公式中应包括飞灰粒径、煤及飞灰成分、烟气条件、电除尘器的几何形状和运行条件等。然而事实上，这些关系是十分复杂的。为了选型而要精确地确定这些因素的定量关系，是非常困难的。但也有另外一些公司，例如美国Research-Cottrell 公司采用理论计算的方法，在计算机上求得一个初始驱进速度 ω，然后经专家修正后确定设计 ω 值。这些公司也同样认为，选型的理论计算方法尚未发展到只用它就可以进行选型。计算机只帮助人们完成数学运算，其结果要用于设计，十分重要的一步是人为修正。

国际某些环保巨头的做法，类似于 Research-Cottrell 公司，根据多年来实际电站的测试数据和小型电除尘器的试验结果，编排了计算表观驱进速度 ω_k 的程序，其中也用到了美国南方研究所的某些研究成果：BI 指数和 BIS 指数。

其结果反映在四个煤、飞灰指标上：

a)   ASI——酸、碱度指数（Alkali Sulphate Index）。

b)   AI——碱性指数。

这两个指数用于比较煤、飞灰的性质和指导、估算、检验计算出来的 ω_k 值，这两个指标的数值低（即碱性氧化物 Na_2O、Fe_2O_3、K_2O 等含量少，或者酸性氧化物含量高），粉尘就较难以收集。评价时，一般主要参考 AI。

c)   BI——表明飞灰收集难易程度的指数（Bickelhaupt Index），这个指标是 ALSTOM 公司对美国南方研究所（SRI）的 Bickelhaupt 先生 1975 年有关表面比电阻的著作进行推导得来的。BI 指数高，表示粉尘难以收集。

d)   BIS——考虑了含硫量影响后的 BI 指数，即修正了的 BI 指数。

选型专家对基础 ω_k 进行一系列的分析、检查和修正。在计算机的输出中，有一项"超范围数据"（values out of range）表示在输入数据中有几个超出了编制程序时确定的范围。这就需要逐个对照和检查。如果超出范围过大，就需要考虑专项的修正。得到基础 ω_k 以后，大约还需进行六次以上修正。

以上方法我国的电除尘器供货单位可以作为参考。

选型设计修正参见附录 D。

8 除尘设备技术经济性分析

为客观地选择综合经济性更好的除尘设备，在选型设计完成后，有必要对电除尘器与燃煤电厂用其他除尘设备（如袋式除尘器、电袋复合除尘器）进行技术经济性比较，比较项目汇总见表 9。

除尘设备的经济性应以一次性投资费用（即设备费用）和全生命周期内（即设计寿命 30 年）的年运行费用总和进行评估。本指导书中年运行费用，仅指除尘设备电耗费用、维护费用与引风机电耗费用之和。

表 9　除尘设备技术经济性比较项目

类别	比　较　项　目		备注
技术特点	除尘效率、平均压力损失、最终压力损失、适用范围等		
经济性	设备费用	设备初始投资费用	可根据需要增加"烟尘排放费用比较"等
	电耗费用	设备功耗所对应的电耗费用（含设备压力损失引起的引风机功耗、空气压缩机功耗等）	
	维护费用	易损件更换及施工费用，滤袋、笼骨等更换及施工费用	
	年运行费用	电耗费用与年维护费用之和	
安全可靠性	安全及可靠性	耐受烟气温度、湿度、酸碱度变化大小的能力以及保证连续运行时间的长短	重点考虑工况改变或发生故障情况
占地面积	本体占地面积	长×宽	达到相同除尘效率时的占地面积

电除尘器的技术经济性与燃用煤种、飞灰特性及烟气成分等有着密切的关系。

从投资角度看，除了电除尘器除尘较难的煤种外，对于国内大部分煤种，电除尘器都具有较好的技术经济性，运行管理也比袋式除尘器、电袋复合除尘器简单。

从运行成本看，电除尘器的阻力低，风机运行能耗低，不需要滤料的更换，实际能耗也不高，节能运行后能耗明显低于其他除尘设备，所以电除尘器的运行费用是比较低的。

电除尘器是能够同时达到低排放、高效率和低能耗的除尘设备。"即使电场数量达到 6 个，比集尘面积为 150m²/(m³·s⁻¹) 时，电除尘器仍具有较好的经济性"的结论已在业内形成共识。当然，各除尘设备的投资、运行的技术经济性与项目特定的情况密切相关，具体项目应具体分析。

在达到相同除尘效率前提下，将 5 个电场、比集尘面积约为 110m²/(m³·s⁻¹) 以及 6 个电场、比集尘面积约为 140m²/(m³·s⁻¹) 两种规格的电除尘器与袋式除尘器、含 2 个电场的电袋复合除尘器（包括一体式和分体式）进行技术经济性综合比较，见表 10。

表 10　除尘设备技术经济性综合比较

序号	设备名称		技术特点及安全可靠性比较	经济性比较	占地面积比较
1	电除尘器	五电场	优点：除尘效率高、压力损失小、适用范围广、使用方便且无二次污染、对烟气温度及烟气成分等影响不像袋式除尘器那样敏感；设备安全可靠性好。缺点：除尘效率受煤、飞灰成分的影响	设备费用较低；年运行费用低；经济性好	占地面积大
		六电场		设备费用高；年运行费用较低；经济性较好	
2	袋式除尘器		优点：不受煤、飞灰成分的影响，出口烟气含尘浓度低且稳定；采用分室结构的能在100%负荷下在线检修。缺点：系统压力损失最大；对烟气温度、烟气成分分较敏感；若使用不当，滤袋容易破损并导致排放超标；目前旧滤袋资源化利用率较小	设备费用低；年运行费用高；经济性差	占地面积小

19

表 10（续）

序号	设备名称		技术特点及安全可靠性比较	经济性比较	占地面积比较
3	电袋复合除尘器	一体式电袋	优点：不受煤、飞灰成分的影响，出口烟气含尘浓度低且稳定；破袋对排放的影响小于袋式除尘器。 缺点：系统压力损失较大；对烟气温度、烟气成分较敏感；一般不能在100%负荷下在线检修；目前旧滤袋资源化利用率较小	设备费用较高；年运行费用较高；经济性较差	占地面积较小
		分体式电袋	优点：不受煤、飞灰成分的影响，出口烟气含尘浓度低且稳定；能在100%负荷下分室在线检修；在点炉、高温烟气等恶劣工况下可正常使用电除尘器且滤袋不受影响；设备对高温烟气、爆管等突发性事故的适应性好。破袋对排放的影响小于袋式除尘器。 缺点：压力损失大；对烟气温度、烟气成分较敏感；目前旧滤袋资源化利用率较小	设备费用较高；年运行费用较高；经济性较差	占地面积较大

除尘设备具体的技术经济性分析参见附录 E。

9 推荐使用的电除尘新技术及新工艺

为提高电除尘器除尘性能，推荐使用以下电除尘新技术（含多种新技术的集成）及新工艺。电除尘新技术及新工艺从电除尘工作原理入手，通过优化工况条件，或改变除尘工艺路线，或克服常规电除尘器存在高比电阻粉尘引起的反电晕、振打引起的二次扬尘及微细粉尘荷电不充分的技术瓶颈，从而大幅提高除尘效率，这与扩容增效相比是一种根本性变革。实际工程应结合工况条件，合理选择电除尘新技术（含多种新技术的集成）或新工艺。

9.1 推荐使用的电除尘新技术

推荐使用以下电除尘新技术：

——低低温电除尘技术；

——移动电极电除尘技术；

——机电多复式双区电除尘技术；

——SO_3 烟气调质技术；

——粉尘凝聚技术；

——新型高压电源技术。

9.2 推荐使用的电除尘新工艺

推荐使用以下电除尘新工艺：

——低低温电除尘技术；

——湿式电除尘技术。

低低温电除尘技术既是一项新技术，也是一种新工艺。

9.3 电除尘新技术及新工艺应用情况

移动电极电除尘、机电多复式双区电除尘、SO_3 烟气调质等技术在国内已经成熟，并在多个项目上应用。粉尘凝聚技术在国外已经成熟，国内已有数家公司掌握其核心技术，并在几个项目上应用，情况良好。近年来，我国电除尘供电电源的新技术开发取得很大进展。以高频电源、中频电源和三相电源为代表的多种新型电源开发成功并得到广泛应用，这些新型电源大多具备高效率、高功率因数、节能等特点，具备直流和脉冲两种工作方式。另外，电除尘电源控制新技术，如节能闭环控制、断电振打控制、反电晕控制等新技术的开发和应用，也给电除尘提效节能增添了巨大的提升空间。结合燃煤性质、飞灰性质、烟气性质等工况条件，科学合理选用电除尘器高压电源是一个非常重要的工作。在实际工作中，应根据各种高压电源的基本原理、主要特点、适用范围及电除尘器项目的具体要求，科学合理地选用电除尘用高压电源或高压电源组合，有针对性地应用电除尘电源控制新技术。

低低温电除尘技术在日本已得到广泛应用且效果良好，国内电除尘厂家从 2010 年开始逐步加大对低低温电除尘技术的研发，正进行有益的探索和尝试，已有 600MW 机组投运业绩。国内有多家公司正在研发或引进湿式电除尘技术，已有数家公司掌握其核心技术，并已有投运业绩。湿式电除尘器的满足极低排放、治理 $PM_{2.5}$ 的效果得到了一致认可，在环境保护部《环境空气细颗粒物污染防治技术政策（试行）》（征求意见稿）中鼓励电力企业应用。

推荐使用的电除尘新技术及新工艺的原理及特点等参见附录 F。

10　燃煤电厂电除尘器选型设计指导意见及说明

《火电厂大气污染物排放标准》（GB 13223—2011）将烟尘排放限值由 $50mg/m^3$ 降低至 $30mg/m^3$，重点地区为 $20mg/m^3$，这给电除尘技术带来了挑战，更是带来了机遇。

欧洲暖通空调协会联盟（Rehva）/CostG3 组织认为："干式电除尘器保证烟尘排放在 $10mg/m^3$～$20mg/m^3$ 甚至 $5mg/m^3$ 极限值的情况也并非不寻常的"，"将来，可以预见会制订更严格的烟尘排放标准，但电除尘器仍然是一种去除废气中粉尘的重要设备"。

中国环境保护产业协会电除尘委员会在对中国煤种成分及其对电除尘器性能的影响进行系统、深入研究的基础上，对国内投运电除尘器性能进行了分析总结，结合国内三十余年的电除尘器研究和工程实践经验，全面研究了电除尘器对国内煤种的适应性，认为在烟尘排放标准已提高的今天，电除尘器仍有着广泛的适应性，国内部分燃煤电厂电除尘器性能不能满足要求的主要原因是，当时环保要求低、实际燃用煤种与设计煤种偏差大、市场无序低价竞争、选型设计不合理等。

10.1　对选型设计指导意见的总体说明

10.1.1　对选型设计基准的说明

飞灰工况比电阻（现场比电阻）是煤、飞灰及烟气成分、温度、湿度对电除尘器工作影响的一项综合指数，也可作为电除尘器选型设计的参考基准，文献中提到的适用于电除尘器的比电阻值及其范围，指的是飞灰工况比电阻（现场比电阻），而非标书上所提供的"飞灰容积比电阻（实验室比电阻）"，因此，为保证选型的准确，应采用与工况比电阻相一致的比电阻值。

实验室比电阻测试是将飞灰试样高温烘干后进行的，只取决于粉尘的成分，没有考虑烟气成分（主要为水分、SO_3），与工况比电阻存在很大差异（一般地，工况比电阻比实验室比电阻小 1～2 个数量级，有时可达 3 个数量级）；虽测试方法（圆盘法）已趋统一，但因测试仪器的标定没有统一标准、测试操作可能出现差异等原因，其测试数据的一致性较难保证，有时会出现同一样本、不同测试单位的测试数据存在差异，因此只有同一测试单位采用相同的测试方法测得的数据间才可进行相对值比较。

飞灰工况比电阻的测试同样存在着测试仪器的标定没有统一标准、不同测试单位测试数据存在差异的问题。

电除尘器在选型设计时以表观驱进速度（即 ω_k）作为基准，虽然可能缺乏直观性，但可通过表 4 和表 5 查阅国内典型煤种的 ω_k 值范围以供参考。此外，还可按"煤种名称"、"煤、飞灰成分"、"多元回归分析法"进行电除尘器对煤种的除尘难易性评价。但按"煤种名称"评价，由于很多煤种没有名称，因此该方法的覆盖面较小，且相同名称的煤种成分也存在一定的差异。按"煤、飞灰成分"和"多元回归分析法"进行评价，因飞灰的组成成分多，煤、飞灰对除尘性能的影响是其综合作用的结果，且影响电除尘器性能的因素十分复杂，因此这两种方法的准确性存在一定偏差，且不能涵盖所有煤种。"多元回归分析法"仅考虑了两种成分，准确性较"按煤、飞灰成分评价"差。在进行电除尘器对煤种的除尘难易性评价时，建议同时采用上述两种以上的评价方法。

10.1.2 对国标烟尘排放限值的说明

《火电厂大气污染物排放标准》（GB 13223—2011）所要求的烟尘排放限值指的是烟囱排放值，而不是除尘设备的出口烟气含尘浓度值。除尘设备的出口烟气含尘浓度值，应根据烟尘排放标准及湿法脱硫的综合除尘效率确定。

10.1.3 对燃煤电厂燃煤偏离设计情况的说明

由于我国燃煤资源紧缺，部分电厂实际燃用煤种偏离设计煤种的情况较为突出，经常出现如燃煤热值、S_{ar} 含量、Na_2O 含量偏低，灰分、烟气量、SiO_2 含量、Al_2O_3 含量偏高等现象，严重制约了这些电厂电除尘器的使用效果。为避免这种情况下所出现的电除尘器出口烟气含尘浓度超标问题，电除尘器选型设计时应适当增大比集尘面积，并推荐采用电除尘新技术（含多种新技术的集成）或新工艺，从而最大限度地为电除尘器长期高效运行提供条件。

10.2 燃煤电厂电除尘器选型设计指导意见

10.2.1 总体意见

应根据燃煤电厂烟气治理岛实际情况，如湿法脱硫综合除尘效率，在满足国家烟尘排放标准的前提下，确定除尘设备出口烟气含尘浓度限值。

10.2.2 电除尘器出口烟气含尘浓度限值为 50mg/m³ 时的选型设计指导意见

电除尘器出口烟气含尘浓度限值为 $50mg/m^3$ 时的选型设计指导意见见表 11。

表 11　电除尘器出口烟气含尘浓度限值为 50mg/m³ 时的选型设计指导意见

除尘难易性	ω_k cm/s	电除尘器所需电场数量	电除尘器所需比集尘面积 m²/(m³·s⁻¹)	推荐的除尘技术
容易	$\omega_k \geq 55$	≥4	≥100	首推常规电除尘器
较容易	$45 \leq \omega_k < 55$	≥4	≥110	
一般	$35 \leq \omega_k < 45$	≥5	≥120	
较难	$25 \leq \omega_k < 35$	≥6	≥140	可以使用电除尘器，推荐采用电除尘新技术
难	$\omega_k < 25$	—	—	推荐采用电除尘新技术、新工艺，或采用其他除尘技术

注 1："电除尘器所需电场数量"、"电除尘器所需比集尘面积"为采用常规电除尘技术时的指导意见；
注 2：当煤种灰分高即电除尘器入口含尘浓度较大时，建议增加电场数量并适当增大比集尘面积；
注 3：比集尘面积按 400mm 同极间距计算

10.2.3　电除尘器出口烟气含尘浓度限值为 30mg/m³ 时的选型设计指导意见

电除尘器出口烟气含尘浓度限值为 30mg/m³ 时的选型设计指导意见见表 12。

表 12　电除尘器出口烟气含尘浓度限值为 30mg/m³ 时的选型设计指导意见

除尘难易性	ω_k cm/s	电除尘器所需电场数量	电除尘器所需比集尘面积 m²/(m³·s⁻¹)	推荐的除尘技术
容易	$\omega_k \geq 55$	≥4	≥110	首推常规电除尘器
较容易	$45 \leq \omega_k < 55$	≥5	≥130	
一般	$40 \leq \omega_k < 45$	≥5	≥140	
一般	$35 \leq \omega_k < 40$	≥6	≥170	可以使用电除尘器，推荐采用电除尘新技术
较难或难	$\omega_k < 35$	—	—	推荐采用电除尘新技术、新工艺，或采用其他除尘技术

注 1："电除尘器所需电场数量"、"电除尘器所需比集尘面积"为采用常规电除尘技术时的指导意见；
注 2：当煤种灰分高即电除尘器入口含尘浓度较大时，建议增加电场数量并适当增大比集尘面积；
注 3：比集尘面积按 400mm 同极间距计算

10.2.4　电除尘器出口烟气含尘浓度限值为 20mg/m³ 时的选型设计指导意见

电除尘器出口烟气含尘浓度限值为 20mg/m³ 时的选型设计指导意见见表 13。

表 13　电除尘器出口烟气含尘浓度限值为 20mg/m³ 时的选型设计指导意见

除尘难易性	ω_k cm/s	电除尘器所需电场数量	电除尘器所需比集尘面积 m²/(m³·s⁻¹)	推荐的除尘技术
容易	$\omega_k \geq 55$	≥5	≥130	首推常规电除尘器
较容易	$45 \leq \omega_k < 55$	≥6	≥150	

表 13（续）

除尘难易性	ω_k cm/s	电除尘器所需电场数量	电除尘器所需比集尘面积 $m^2/(m^3 \cdot s^{-1})$	推荐的除尘技术
一般	$40 \leqslant \omega_k < 45$	$\geqslant 7$	$\geqslant 170$	可以使用电除尘器，推荐采用电除尘新技术
一般	$35 \leqslant \omega_k < 40$	—	—	推荐采用电除尘新技术、新工艺，或采用其他除尘技术
较难或难	$\omega_k < 35$			

注 1："电除尘器所需电场数量"、"电除尘器所需比集尘面积"为采用常规电除尘技术时的指导意见；

注 2：当煤种灰分高即电除尘器入口含尘浓度较大时，建议增加电场数量并适当增大比集尘面积；

注 3：比集尘面积按 400mm 同极间距计算

10.2.5 附加意见

建议采用电除尘新技术或多种新技术的集成，此时可减少电场数量并减小比集尘面积，推荐采用电除尘新工艺。

11 燃煤电厂电除尘器提效改造技术路线的制订

11.1 制订电除尘器提效改造技术路线的原则

燃煤电厂电除尘器提效改造应综合考虑锅炉、脱硝、风机、湿法脱硫对烟尘排放控制及系统能耗的影响，工艺路线的选择应首先满足达标排放，并考虑设备运行安全可靠、经济性好、满足现有改造场地及施工周期等因素。

11.2 电除尘器提效改造需要考虑的主要影响因素

电除尘器提效改造需要考虑的主要影响因素包括：改造需达到的各项指标；场地条件；工况条件；原电除尘器状况，包括比集尘面积（SCA）、电场数、烟气流速、目前运行状况（电气运行参数、电除尘器出口烟气含尘浓度）；改造后除尘设备经济性；引风机条件；其他因素，包括燃煤锅炉系统、二次污染等。

11.3 确定电除尘器提效改造基本条件

　　a）　确定电厂燃煤状况：

　　　　应确定机组的基本燃煤（可按入炉煤的配烧情况确定 2～3 种）。

　　b）　确定除尘器出口烟气含尘浓度限值：

　　　　根据烟尘排放标准及湿法脱硫的综合除尘效率，确定除尘器出口烟气含尘浓度值。

　　c）　确定电除尘器改造空间：

　　　　确定电除尘器周边可利用空间，自身扩容空间，其他设备改造腾出的空间（如引风机等），以及布置于湿法脱硫后的湿式电除尘器改造空间。

11.4 电除尘器提效改造技术路线分类

电除尘器提效改造技术路线可分为三类：① 电除尘技术路线，包括电除尘器扩容、采用电除尘新技术及多种新技术的集成；② 电除尘新工艺，包括低低温电除尘及湿式电除尘技术；③ 其他除尘技术路线，包括电袋复合除尘及袋式除尘技术。

11.5　燃煤电厂电除尘器提效改造技术路线指导意见

11.5.1　电除尘器提效改造技术路线制订的一般性意见

11.5.1.1　应根据烟尘排放标准及湿法脱硫的综合除尘效率，确定除尘器出口烟气含尘浓度值。

11.5.1.2　根据改造前电除尘器出口烟气含尘浓度值、电除尘器的比集尘面积，进行电除尘器对煤种的适应性评估，并分析电除尘器运行是否处于正常状态；或根据煤、飞灰成分等进行电除尘器对煤种的除尘难易性评价，制订相应的电除尘器提效改造技术路线。

11.5.1.3　优先考虑通过控制电除尘器入口烟气温度，采用先进的电源控制技术，提高电除尘器除尘效率，并利用湿法脱硫除雾器改造等措施提高烟气处理系统的协同除尘效果。

11.5.1.4　在充分利用原有设备的基础上，根据改造场地、原电除尘器出口烟气含尘浓度值，考虑经济性，进行电除尘器增容提效改造，并采用各种提高电除尘器除尘效率的技术。

11.5.1.5　除了准确识别电除尘器对煤种的除尘难易程度、正确选取比集尘面积外，合理选择烟尘治理的工艺非常重要，推荐采用电除尘新工艺。

11.5.1.6　当采用电除尘新技术、新工艺不能满足烟尘排放要求或经济性较差时，可采用其他除尘技术。

11.5.2　除尘设备出口烟气含尘浓度限值为 50mg/m³ 时改造技术路线指导意见

11.5.2.1　煤种除尘难易性评价为"一般及以上"，且电除尘器的比集尘面积达到表 14 规定的最小值时，优先采用电除尘技术路线；

11.5.2.2　煤种除尘难易性评价为"较难"时，推荐采用电除尘新技术或新工艺；

11.5.2.3　煤种除尘难易性评价为"难"时，推荐采用电除尘新工艺或其他除尘技术路线。

表 14　除尘设备出口烟气含尘浓度限值为 50mg/m³ 时改造技术路线指导意见

除尘难易性	采用 ESP 新技术集成时的 SCA m²/(m³·s⁻¹)	推荐的改造技术路线
容易	≥70	电除尘技术路线（包括采用电除尘新技术）
较容易	≥80	
一般	≥90	
较难	≥110	推荐采用电除尘新技术或新工艺
难	—	推荐采用电除尘新工艺或其他除尘技术路线
注 1：仅采用电除尘扩容时的 SCA 按表 11 执行；		
注 2：表中除尘难易性"较难"时对应电除尘器的 SCA，为采用电除尘新技术时的数值；		
注 3：当 SCA 无法满足本表要求时，宜考虑采用电除尘新工艺或其他除尘技术路线		

11.5.3　除尘设备出口烟气含尘浓度限值为 30mg/m³ 时改造技术路线指导意见

11.5.3.1　煤种除尘难易性评价为"容易或较容易"时，且电除尘器的比集尘面积达到表

15 规定的最小值时，优先采用电除尘技术路线；

11.5.3.2 煤种除尘难易性评价为"一般"时，推荐采用电除尘新技术或新工艺；

11.5.3.3 煤种除尘难易性评价为"较难或难"时，推荐采用电除尘新工艺或其他除尘技术路线。

表 15　除尘设备出口烟气含尘浓度限值为 30mg/m³ 时改造技术路线指导意见

除尘难易性	采用 ESP 新技术集成时的 SCA m²/(m³·s⁻¹)	推荐的改造技术路线
容易	≥80	电除尘技术路线（包括采用电除尘新技术）
较容易	≥100	
一般	≥110	推荐采用电除尘新技术或新工艺
较难或难	—	推荐采用电除尘新工艺或其他除尘技术路线
注 1：仅采用电除尘扩容时的 SCA 按表 12 执行；		
注 2：表中除尘难易性"一般"时对应电除尘器的 SCA，为采用电除尘新技术时的数值；		
注 3：当 SCA 无法满足本表要求时，宜考虑采用电除尘新工艺或其他除尘技术路线		

11.5.4　除尘设备出口烟气含尘浓度限值为 20mg/m³ 时改造技术路线指导意见

11.5.4.1　煤种除尘难易性评价为"容易或较容易"时，且电除尘器的比集尘面积达到表 16 规定的最小值时，优先采用电除尘技术路线；

11.5.4.2　煤种除尘难易性评价为"一般"时，推荐采用电除尘新技术或新工艺；

11.5.4.3　煤种除尘难易性评价为"较难或难"时，推荐采用电除尘新工艺或其他除尘技术路线。

表 16　除尘设备出口烟气含尘浓度限值为 20mg/m³ 时改造技术路线指导意见

除尘难易性	采用 ESP 新技术集成时的 SCA m²/(m³·s⁻¹)	推荐的改造技术路线
容易	≥100	电除尘技术路线（包括采用电除尘新技术）
较容易	≥120	
一般	≥140	推荐采用电除尘新技术或新工艺
较难或难	—	推荐采用电除尘新工艺或其他除尘技术路线
注 1：仅采用电除尘扩容时的 SCA 按表 13 执行；		
注 2：表中除尘难易性"一般"时对应电除尘器的 SCA，为采用电除尘新技术时的数值；		
注 3：当 SCA 无法满足本表要求时，宜考虑采用电除尘新工艺或其他除尘技术路线		

11.5.5　宜采用湿式电除尘技术的条件

11.5.5.1　要求烟囱烟尘排放浓度低于特别排放限值或要求更低排放（如≤10mg/m³），且对 $PM_{2.5}$ 粉尘、SO_3 酸雾、气溶胶等排放有较高要求时；

11.5.5.2　除尘设备改造难度大或费用很高、原除尘设备不改造也不影响湿法脱硫系统安全运行，且场地允许时；

11.5.5.3　湿法脱硫后烟气含尘浓度增加，导致排放超标，且湿法脱硫系统较难改造时。

附　录　A

（规范性附录）

选型设计条件和要求

A.1　系统概况

A.1.1　锅炉技术参数

A.1.1.1　锅炉型号及制造厂的编制遵照 JB/T 1617 执行；

A.1.1.2　锅炉类型；

A.1.1.3　最大连续蒸发量（BMCR），t/h；

A.1.1.4　制粉系统（磨煤机类型）；

A.1.1.5　磨煤机的磨煤细度；

A.1.1.6　额定蒸汽压力，MPa；

A.1.1.7　额定蒸汽温度，℃；

A.1.1.8　给水温度，℃；

A.1.1.9　最大耗煤量，t/h。

A.1.2　空气预热器技术参数

A.1.2.1　空气预热器类型；

A.1.2.2　BMCR 下过剩空气系数；

A.1.2.3　空气预热器的设计漏风率，%。

A.1.3　脱硫方式

A.1.3.1　脱硫类型；

A.1.3.2　脱硫方法及工艺。

A.1.4　脱硝方式

A.1.4.1　脱硝类型；

A.1.4.2　脱硝方法及工艺。

A.1.5　引风机

A.1.5.1　引风机类型；

A.1.5.2　引风机型号；

A.1.5.3　风量及风压：T、B 工况，BMCR 工况。

A.1.6　其他

A.1.6.1　锅炉除渣方式；

A.1.6.2　锅炉除灰方式；

A.1.6.3　电除尘器输灰系统类型；

A.1.6.4　年运行小时数，h；

A.1.6.5 烟囱类型（干或湿烟囱等）。

A.2 燃煤性质

A.2.1 煤种

A.2.1.1 设计煤种、产地；

A.2.1.2 校核煤种、产地。

A.2.2 煤质工业分析、元素分析、灰熔融性

煤质工业分析、元素分析、灰熔融性见表 A.1。

表 A.1 煤质工业分析、元素分析、灰熔融性

类别	名　称	符号	单位	设计煤种	校核煤种
工业分析	收到基全水分	M_{ar}	%		
	空气干燥基水分（分析基）	M_{ad}	%		
	收到基灰分	A_{ar}	%		
	干燥无灰基挥发分（可燃基）	V_{daf}	%		
	低位发热量	$Q_{net,ar}$	kJ/kg		
	高位发热量	Q_{gr}	kJ/kg		
元素分析	收到基碳	C_{ar}	%		
	收到基氢	H_{ar}	%		
	收到基氧	O_{ar}	%		
	收到基氮	N_{ar}	%		
	收到基硫	S_{ar}	%		
	哈氏可磨性系（指）数	HGI	—		
灰熔融性	变形温度	DT	℃		
	软化温度	ST	℃		
	半球温度	HT	℃		
	流动温度	FT	℃		

A.3 飞灰性质

A.3.1 飞灰成分分析

飞灰成分分析见表 A.2。

表 A.2 飞灰成分分析

序号	名　称	符号	单位	设计煤种	校核煤种
1	二氧化硅	SiO_2	%		
2	氧化铝	Al_2O_3	%		
3	氧化铁	Fe_2O_3	%		

表 A.2（续）

序号	名　　称	符　号	单位	设计煤种	校核煤种
4	氧化钙	CaO	%		
5	氧化镁	MgO	%		
6	氧化钠	Na_2O	%		
7	氧化钾	K_2O	%		
8	氧化钛	TiO_2	%		
9	三氧化硫	SO_3	%		
10	五氧化二磷	P_2O_5	%		
11	二氧化锰	MnO_2	%		
12	氧化锂	Li_2O	%		
13	飞灰可燃物	Cfh	%		

A.3.2　飞灰粒度分析

飞灰粒度分析见表 A.3。

表 A.3　飞 灰 粒 度 分 析

序号	粒径（μm）	单　　位	设计煤种	校核煤种
1	<3	%		
2	3～5	%		
3	5～10	%		
4	10～20	%		
5	20～30	%		
6	30～40	%		
7	40～50	%		
8	>50	%		
9	中位径	μm		

A.3.3　飞灰比电阻分析

A.3.3.1　飞灰容积比电阻（实验室比电阻），$\Omega \cdot cm$。

飞灰容积比电阻测定方法；

飞灰容积比电阻分析见表 A.4。

表 A.4　飞灰容积比电阻分析

序号	测试温度 ℃	湿度 %	比电阻值 Ω·cm	
			设计煤种	校核煤种
1	20（常温）			
2	80			
3	100			
4	120			
5	140			
6	150			
7	160			
8	180			

A.3.3.2　飞灰工况比电阻（现场比电阻），Ω·cm。

A.3.4　飞灰密度及内摩擦角

飞灰密度及内摩擦角见表 A.5。

表 A.5　飞灰密度及内摩擦角

序号	名称	单位	设计煤种	校核煤种
1	真密度	t/m³		
2	堆积密度	t/m³		
3	内摩擦角	（°）		

注：此处的"内摩擦角"在一般的技术文件中为"安息角"。内摩擦角与粉尘物料自然堆积形成的安息角不同，安息角是随着粉料的自然堆积，沿堆积锥面滚落形成的，表征物料的自然堆积能力；而内摩擦角的摩擦面产生于粉料层内部，表征粉料与粉料主体之间产生的相对滑动，此处应为内摩擦角

A.4　烟气成分分析

A.4.1　烟气化学成分分析

烟气化学成分分析见表 A.6。

表 A.6　烟气化学成分分析

序号	名称	符号	单位	设计煤种	校核煤种
1	二氧化碳	CO_2	%		
2	氮	N_2	%		
3	水	H_2O	%		
4	氧	O_2	%		
5	一氧化碳	CO	%		
6	二氧化硫	SO_2	%		
7	三氧化硫	SO_3	%		
8	氮氧化物	NO_x	%		

A.4.2　烟气其他性质（锅炉 MCR 工况）

A.4.2.1　电除尘器入口烟气温度，℃；

A.4.2.2　电除尘器烟气酸露点温度，℃；

A.4.2.3　电除尘器烟气水露点温度，℃；

A.4.2.4　电除尘器烟气水蒸气体积百分比，%。

A.5　厂址气象和地理条件

厂址气象和地理条件见表 A.7。

表 A.7　厂址气象和地理条件

序号	名　称	单位	数值
1	厂址	—	
2	海拔高度	m	
3	主厂房零米标高	m	
4	多年平均大气压力	hPa	
5	多年平均最高气温	℃	
6	多年平均最低气温	℃	
7	极端最高温度	℃	
8	极端最低温度	℃	
9	多年平均气温	℃	
10	多年平均蒸发量	mm	
11	历年最大蒸发量	mm	
12	历年最小蒸发量	mm	
13	多年平均相对湿度	%	
14	最小相对湿度	%	
15	历年最大相对湿度	%	
16	最大风速	m/s	
17	多年平均风速	m/s	
18	定时最大风速	m/s	
19	历年瞬时最大风速	m/s	
20	主导风向	方位	
21	多年平均降雨量	mm	
22	一日最大降雨量	mm	
23	多年平均雷暴日数	d	
24	历年最多雷暴日数	d	

表 A.7（续）

序号	名 称	单位	数值
25	基本风压	kN/m²	
26	基本雪载	kN/m²	
27	地震设防烈度	度	
28	除尘器地面粗糙度类别	—	
29	场地土类别	—	

A.6 设计参数

A.6.1 性能参数

A.6.1.1 电除尘器入口烟气量（BMCR 工况状态），m³/h：

——设计煤种；

——校核煤种。

A.6.1.2 电除尘器入口烟气温度，℃。

A.6.1.3 烟气酸露点温度，℃。

A.6.1.4 烟气水露点温度，℃。

A.6.1.5 电除尘器最大入口烟气含尘浓度，g/m³。

A.6.1.6 电除尘器出口烟气含尘浓度，mg/m³。

A.6.1.7 年运行小时数，h。

A.6.1.8 设计除尘效率，%。

——保证除尘效率，%。

A.6.1.9 本体压力降，Pa。

A.6.1.10 本体漏风率，%。

A.6.1.11 噪声，dB（A）。

A.6.2 结构参数

A.6.2.1 每台炉配电除尘器台数：

——50MW 及以下：1 台；

——100MW～125MW：1 台～2 台；

——200MW～300MW：2 台；

——600MW 及以上：2 台～4 台。

A.6.2.2 同极间距，mm。

A.6.2.3 电场数，个。

A.6.2.4 总集尘面积，m²。

A.6.2.5 比集尘面积（SCA），m²/(m³ · s⁻¹)。

A.7　达到电除尘器出口烟气含尘浓度限值的条件

A.7.1　电除尘器的主要设计参数应根据需方提供的选型设计条件和要求，结合供方产品的特点确定。如有场地要求，应予以明确。

A.7.2　电除尘器应在下列条件下达到出口烟气含尘浓度限值要求：

A.7.2.1　需方提供的选型设计条件。

A.7.2.2　_____个供电分区不工作：

    a)　当一台锅炉配 1 台单室电除尘器时，不予考虑；

    b)　双室以上的 1 台电除尘器，按停 1 个供电分区考虑；小分区供电按停 2 个供电分区考虑。

A.7.2.3　烟气温度为设计温度加 10℃。

A.7.2.4　烟气量加 10% 的余量。

A.7.2.5　锅炉燃烧设计煤种，用户需要时也可按校核煤种或最差煤种考虑，但应予以说明。

A.7.3　供方不能以烟气调质剂作为性能的保证条件；当采用烟气调质作为除尘技术的配套方案时，此条无效。

A.7.4　电除尘器性能考核时，运行条件超出 A.7.2 规定的范围，允许进行效率修正，但供方必须在投标时提供修正曲线。

A.7.5　电除尘器应允许在锅炉最低稳燃(不投油助燃)负荷时运行。

A.7.6　每台电除尘器必须有结构上独立的壳体。

附 录 B

（资料性附录）

影响电除尘器性能主要因素分析

B.1 影响电除尘器性能的因素概述

影响电除尘器性能的因素很复杂，但大体上可以分为三大类。对燃煤电厂而言，首先是工况条件，包括燃煤性质（成分、挥发分、发热量、灰熔融性等），飞灰性质（成分、粒径、密度、比电阻、黏附性等），烟气性质（温度、湿度、烟气成分等）等。其次是电除尘器的技术状况，包括结构形式、极配类型、同极间距、电场划分、气流分布的均匀性、振打方式、振打力大小及其分布（清灰方式及效能）、制造及安装质量以及电气控制特性等；第三则是运行条件，包括操作电压、板电流密度、积灰情况、振打（清灰）周期等。这当中，工况条件为主要影响因素，其中煤、飞灰成分对电除尘器性能的影响最大。此外，还存在着诸如飞灰物相组分，显微结构（灰粒形状、孔隙率及孔隙结构、表面状况），浸润性等方面对电除尘器性能的影响，虽然对这些方面的系统论述和定量计算还缺乏基础，但选型时应予注意。

烟气治理岛加装 SCR 脱硝系统后，对电除尘器的除尘性能也有一定的影响。加装 SCR 后，烟气中阴电性气体分子的含量显著提高，尤其是水分子的含量，有利于改善除尘性能。加装催化剂后，烟气中的少量 SO_2 被氧化成 SO_3，起到了一定的烟气调质作用，有利于降低飞灰比电阻，可提高电除尘器的除尘效率。增加的系统漏风会造成电除尘器入口烟温有所下降，有利于提高除尘效率。漏风引起的烟气量增大和氨气对电除尘器除尘效率的影响均可以忽略。系统阻力增加约 1.5kPa，电除尘器所承受的负压相应提高。总体来讲，增设 SCR 不仅不会减弱电除尘器的性能，而且还有一定的改善作用。

影响电除尘器性能的因素见图 B.1，下面主要阐述工况条件对电除尘器性能的影响。

B.2 燃煤成分的影响分析

在燃煤的成分中，对电除尘器性能产生影响的主要因素有 S_{ar}、水分和灰分。其中，S_{ar} 对电除尘器性能的影响最大。含 S_{ar} 量较高的煤，烟气中含较多的 SO_2，在一定条件下，SO_2 以一定的比率转化为 SO_3，SO_3 易吸附在尘粒的表面，改善粉尘的表面导电性。S_{ar} 含量越高，工况条件下的粉尘比电阻也就越低，ω_k 越大，这就有利于粉尘的收集，对电除尘器的性能起着有利的影响。燃煤中 S_{ar} 对比电阻的影响见图 B.2。

以 ω_k 表征电除尘器性能，测试了在国内 200 种煤含 S_{ar} 量范围内的某两种典型煤中 S_{ar} 含量与 ω_k 的关系曲线，见图 B.3（a）、图 B.3（b）。图中的三条曲线分别对应飞灰中

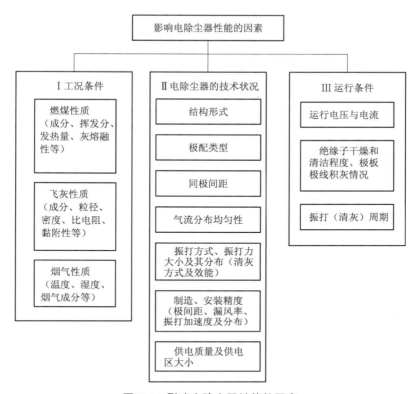

图 B.1　影响电除尘器性能的因素

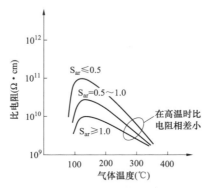

图 B.2　燃煤中 S_{ar} 对比电阻的影响

三种不同 Na_2O 含量时 ω_k 的变化曲线。需要指出的是，由于该曲线是以某两种典型煤种作为基准而获得的，因此曲线虽然用定量关系表示，但反映的仅仅是一种定性关系。由图可知：① 随着 S_{ar} 含量的增加，曲线整体变化趋势为上扬，表示煤中 S_{ar} 会对电除尘器除尘性能产生有利的影响，即煤中 S_{ar} 含量的增加有利于增强电除尘器除尘性能。② S_{ar} 对电除尘器除尘性能的影响与碱性氧化物的含量有直接关系，即对电除尘器除尘性能的影响是 S_{ar} 和飞灰中的碱性氧化物（主要影响成分为 Na_2O、Fe_2O_3）共同作用的结果，其中当然还有产生负面影响的其他氧化物的作用（主要影响成分为 Al_2O_3、SiO_2）。③ 当煤

中 S_{ar} 含量小于某一值（图 B.3 中其值约为 1%）时，一方面，ω_k 值较小，但是随着 S_{ar} 含量的增加，ω_k 增长的幅值较大，即 S_{ar} 含量的增加能明显地增强电除尘器除尘性能；另一方面，在此 S_{ar} 含量较低的区段，碱性氧化物含量的增加能更为显著地增加 ω_k 值，此时碱性氧化物对电除尘器的性能起着主导作用。④ 当煤中 S_{ar} 含量达到一定值（图 B.3 中其值约为 1.5%）时，一方面，ω_k 值较大，但 S_{ar} 含量的增加，ω_k 变化较小甚至基本维持在某一恒定数值，即 S_{ar} 含量的增加不能显著地增强电除尘器除尘性能；另一方面，碱性氧化物的含量对电除尘器除尘性能的影响也很小，此时 S_{ar} 对电除尘器的除尘性能起着主导作用。

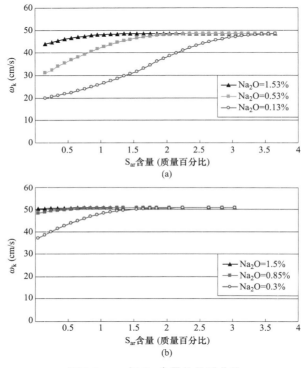

图 B.3　ω_k 与 S_{ar} 含量的关系曲线

烟气中水分含量的影响是显而易见的。炉前煤水分越高，烟气的湿度也就越大，有利于飞灰吸附而降低粉尘表面电阻（$SO_3 + H_2O = H_2SO_4$），粉尘的表面导电性也就越好。另外，水分可以抓住电子形成重离子，使电子的迁移速度迅速下降，从而提高间隙的击穿电压。总之，水分高，则击穿电压高、粉尘比电阻下降、除尘效率提高。在燃煤含水量很高的锅炉烟气中，尤其是烟温不是很高时，水分对电除尘器的性能起着十分重要的作用。

烟气中 X_{H_2O} 由三部分组成：煤中的水分、过剩空气带入的水分、氢燃烧生成的水分。除褐煤外，氢燃烧生成的水分要占烟煤、无烟煤燃烧后总水分的 60%～70%。因此要特别关注 H_{ar} 的多少，一般 H_{ar} 高，则 H_2O 高（$2H_2 + O_2 = 2H_2O$），H_2 和 H_2O 是 1 比 9 的关系。X_{H_2O} 在 9%以上时，粉尘的比电阻一般在 $10^9\,\Omega\cdot cm \sim 10^{10}\,\Omega\cdot cm$，除尘性能较好。

X_{H_2O} 计算公式为

$$V^0 = 0.088\,8(C_{ar} + 0.375S_{ar}) + 0.265H_{ar} - 0.033\,3O_{ar}$$

$$V_{H_2O} = 0.111H_{ar} + 0.012\,4M_t + 0.016\,1\alpha V^0$$

$$V_{gy} = \frac{1.866}{100}(C_{ar} + 0.375S_{ar}) + 0.79V^0 + 0.8\frac{N_{ar}}{100} + (\alpha-1)V^0$$

式中：

　V^0——理论空气量，即每千克煤燃烧生成的烟气容积，m^3/kg（标况下）；

　V_{H_2O}——每千克煤燃烧生成的水蒸气体积，m^3/kg（标况下）；

　α——炉膛出口过剩空气系数，一般取 1.2；

　V_{gy}——干烟气容积，即每千克煤燃烧生成的干烟气容积，m^3/kg（标况下）。

因为每千克煤燃烧生成的烟气量为

$$V_y = V_{gy} + V_{H_2O}$$

所以水蒸气 X_{H_2O} 占烟气的百分比为

$$X_{H_2O} = \frac{V_{H_2O}}{V_{gy} + V_{H_2O}}$$

煤的灰分高低，直接决定了烟气中的含尘浓度。对于特定的工艺过程来说，ω 或 ω_k 将随着烟气含尘浓度的增加而增加。但电除尘器对含尘浓度有一定的适应范围，超过这个范围，电晕电流随着含尘浓度的增加而急剧减小。当含尘浓度达到某一极限值时，或是含尘浓度虽然不十分高，但是粉尘粒径很细，比表面积很大时，极易形成强大的空间电荷，对电晕电流产生屏蔽作用，严重时会使通过电场空间的电流趋近于零，这种现象称为电晕封闭。为了克服电晕封闭现象，除了设置前置除尘设备以外，就电除尘器本身而言，最重要的技术措施是选择放电特性强的极配类型和能满足强供电的电源，同时要提高振打清灰效果。当然，要求相同的出口烟气含尘浓度时，其设计除尘效率的要求也高。烟气含尘浓度高，所消耗表面导电物质的量大，对高硫、高水分的有利作用折减幅度大，综合来讲，高灰分对电除尘是不利的。

B.3　飞灰成分的影响分析

飞灰包括 Na_2O、Fe_2O_3、K_2O、SO_3、Al_2O_3、SiO_2、CaO、MgO、P_2O_5、Li_2O、TiO_2 及飞灰可燃物等成分。由于 P_2O_5、Li_2O、TiO_2 对电除尘器性能的影响较小（在美国南方研究所的 Bickelhaupt 先生的比电阻预测实验研究报告中，把 Li_2O 和 Na_2O 的含量之和作为一个影响因素，实验结果是，两者之和虽然很小，但其微小的变化，对粉尘比电阻的影响却很大），此处不予讨论，下面分别分析其他几个飞灰成分对电除尘器性能的影响。

B.3.1 Na₂O 对电除尘器性能的影响

Na$_2$O 可增加飞灰体积导电，也有利于增大表面导电离子浓度，使比电阻下降，有利于除尘。有的低硫煤，若 Na$_2$O 含量在 2%以上时，不但不发生反电晕，除尘效率仍很高。

测试了国内某两种典型飞灰中 Na$_2$O 含量与 ω_k 的关系，见图 B.4，图中的三条曲线分别对应煤中三种不同 S$_{ar}$ 含量时 ω_k 的变化曲线。此图表征的定性关系为：① 随着 Na$_2$O 含量的增加，曲线整体变化趋势为上扬，表示飞灰中的 Na$_2$O 会对电除尘器除尘性能产生有利的影响，即飞灰中 Na$_2$O 含量的增加有利于增强电除尘器除尘性能。② Na$_2$O 对电除尘器除尘性能的影响与煤中 S$_{ar}$ 的含量有直接关系，即对电除尘器除尘性能的影响是 Na$_2$O 和煤中的 S$_{ar}$ 共同作用的结果。③ 当飞灰中 Na$_2$O 含量小于某一值（图 B.4 中其值约为 0.5%）时，一方面，ω_k 值较小，但是随着 Na$_2$O 含量的增加，ω_k 增长的幅度较大，即 Na$_2$O 含量的增加能明显地增强除尘性能；另一方面，S$_{ar}$ 含量的增加能更为显著地增加 ω_k 值，此时 S$_{ar}$ 对电除尘器的性能起着主导作用。④ 当飞灰中 Na$_2$O 含量达到一定值（图 B.4 中其值约为 1%）时，一方面，ω_k 值较大，但 Na$_2$O 含量的增加，ω_k 变化较小甚至基本维持在某一恒定数值，即 Na$_2$O 含量的增加不能显著地增强除尘性能；另一方面，S$_{ar}$ 含量对除尘性能的影响也很小，此时 Na$_2$O 对电除尘器的除尘性能起着主导作用。

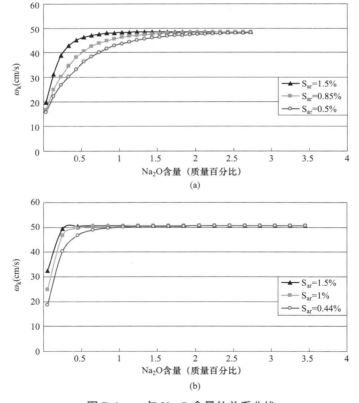

图 B.4　ω_k 与 Na₂O 含量的关系曲线

B.3.2　Fe₂O₃对电除尘器性能的影响

此处 Fe_2O_3 是指铁的氧化物的总称，包括 FeO、Fe_2O_3、Fe_3O_4 等。铁的氧化物容易转换成液相，使得飞灰粒度变粗，它是触媒，有利于将 SO_2 转化 SO_3；而且它可使灰熔融温度降低，K_2O 通过它使飞灰体积导电增加，为有利因素。

测试了国内某两种典型飞灰中 Fe_2O_3 含量与 ω_k 的关系，见图 B.5，图中的三条曲线分别对应煤中三种不同 S_{ar} 含量时 ω_k 的变化曲线。此图表征的定性关系为：① 随着 Fe_2O_3 含量的增加，曲线整体变化趋势为上扬，表示飞灰中的 Fe_2O_3 会对电除尘器除尘性能产生有利的影响，即飞灰中 Fe_2O_3 含量的增加有利于增强电除尘器除尘性能。② Fe_2O_3 对电除尘器除尘性能的影响与煤中 S_{ar} 的含量有直接关系，即对电除尘器除尘性能的影响是 Fe_2O_3 和煤中的 S_{ar} 共同作用的结果。③ 当飞灰中 Fe_2O_3 含量小于某一值（图 B.5 中其值约为 4%）时，一方面，ω_k 值较小，但是随着 Fe_2O_3 含量的增加 ω_k 增长的幅值较大，即 Fe_2O_3 含量的增加能明显地增强电除尘器除尘性能；另一方面，S_{ar} 含量的增加能更为显著地增加 ω_k 值，此时 S_{ar} 对电除尘器的性能起着主导作用。④ 当飞灰中 Fe_2O_3 含量达到一定值（图 B.5 中其值约为 11%）时，一方面，ω_k 值较大，但 Fe_2O_3 含量的增加，ω_k 变化较小甚至基本维持在某一恒定数值，即 Fe_2O_3 含量的增加不能显著地增强除尘性能；另一方面，S_{ar} 含量对除尘性能的影响也很小，此时 Fe_2O_3 对电除尘器的除尘性能起着重要作用。

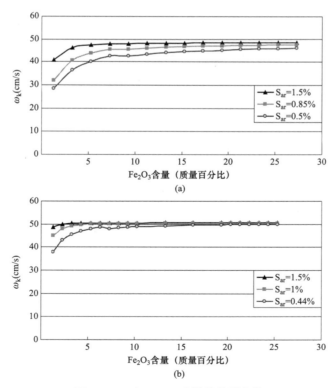

图 B.5　ω_k 与 Fe_2O_3 含量的关系曲线

B.3.3 K₂O、SO₃ 对电除尘器性能的影响

K₂O 和 Na₂O 作用一样，对除尘是有利的，但 K 离子较大且转变为玻璃相，并需通过 Fe₂O₃ 起作用，因此它比 Na₂O 的作用小。有关研究表明，其对除尘性能的贡献率约为 Na₂O 的 20%。

SO₃ 能与 H₂O 结合生成 H₂SO₄ 并吸附在飞灰上，从而降低了飞灰的比电阻，有利于除尘。但飞灰中的 SO₃ 与烟气中的 SO₃ 区别很大，烟气中的 SO₃ 对除尘性能的有利作用远远大于飞灰中的 SO₃ 对除尘性能的有利作用，这是因为飞灰中的 SO₃ 是将飞灰中不同种类硫化物分子中的硫，统一折合为 SO₃ 分子式来表示的，所以它并不是单一的 SO₃，并且它是以固态形式存在，其活性或大部分活性已失去，因而其对除尘性能的影响较小。

B.3.4 Al₂O₃ 对电除尘器性能的影响

Al₂O₃ 熔融温度高、导电性差，是飞灰高比电阻的主要因素之一，其含量越高，飞灰比电阻越高，粒子也偏细，不利于除尘。

测试了国内某两种典型飞灰中 Al₂O₃ 含量与 ω_k 的关系，见图 B.6，图中的三条曲线分别对应煤中三种不同 S_{ar} 含量时 ω_k 的变化曲线。此图表征的定性关系为：① 随着 Al₂O₃ 含量的增加，曲线整体变化趋势为下滑，表示飞灰中的 Al₂O₃ 会对电除尘器除尘性能产生不利的影响，即飞灰中 Al₂O₃ 含量的增加会导致电除尘器除尘性能的下降。② 当飞灰中 Al₂O₃ 含量大于某一值［图 B.6（a）中其值约为 13%，图 B.6（b）中其值约为 35%］时，Al₂O₃ 含量的增加能明显地减小 ω_k 值，即 Al₂O₃ 含量的增加能明显地降低电除尘器

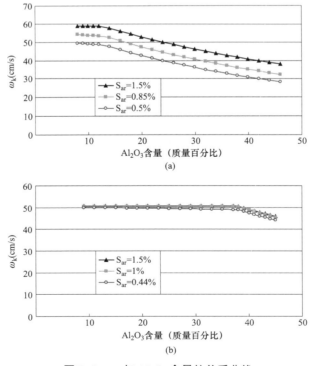

图 B.6 ω_k 与 Al₂O₃ 含量的关系曲线

除尘性能。③ 当飞灰中 Al_2O_3 含量小于某一值〔图 B.6（a）中其值约为 13%，图 B.6（b）中其值约为 35%〕时，Al_2O_3 含量虽然增加，但 ω_k 下降较小或基本维持在某一恒定数值，即 Al_2O_3 含量的增加不能显著地降低电除尘器的除尘性能，此时 Al_2O_3 对电除尘器的除尘性能影响较小。

B.3.5　SiO_2 对电除尘器性能的影响

SiO_2 熔融温度高、导电性差，是飞灰高比电阻的主要因素之一，其含量越高，飞灰比电阻越高，粒子也偏细，不利于除尘。

测试了国内某两种典型飞灰中 SiO_2 含量与 ω_k 的关系，见图 B.7，图中的三条曲线分别对应煤中三种不同 S_{ar} 含量时 ω_k 的变化曲线。此图表征的定性关系为：① 随着 SiO_2 含量的增加，曲线整体变化趋势为下滑，表示飞灰中的 SiO_2 会对电除尘器除尘性能产生不利的影响，即飞灰中 SiO_2 含量的增加会导致电除尘器除尘性能的下降。② 当飞灰中 SiO_2 含量大于某一值〔图 B.7（a）中其值约为 40%，图 B.7（b）中其值约为 53%〕时，SiO_2 含量的增加能明显地减小 ω_k 值，即 SiO_2 含量的增加能明显地降低电除尘器除尘性能。③ 当飞灰中 SiO_2 含量小于某一值〔图 B.7（a）中其值约为 40%，图 B.7（b）中其值约为 53%〕时，SiO_2 含量虽然增加，但 ω_k 下降较小或基本维持在某一恒定数值，即 SiO_2 含量的增加不能显著地降低电除尘器除尘性能，此时 SiO_2 对电除尘器除尘性能影响较小。

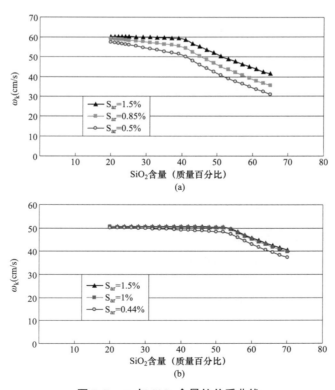

图 B.7　ω_k 与 SiO_2 含量的关系曲线

B.3.6　CaO 对电除尘器性能的影响

CaO 易和 SO_3 生成 $CaSO_4$，从而削弱 SO_3 的作用，并导致飞灰粒度减小，因此是不利因素。飞灰中 CaO 含量高时应注意系统漏风和加强电除尘器振打清灰效果。

测试了国内某两种典型飞灰中 CaO 含量与 ω_k 的关系，见图 B.8，图中的三条曲线分别对应煤中三种不同 S_{ar} 含量时 ω_k 的变化曲线。此图表征的定性关系为：随着 CaO 含量的增加，曲线整体变化趋势为下滑，表示飞灰中的 CaO 会对电除尘器除尘性能产生不利的影响，即飞灰中 CaO 含量的增加会降低电除尘器的除尘性能，但其对电除尘器的除尘性能影响相对较小。当 CaO 含量特别高时，飞灰有黏性和水硬性，不利影响就比较大。

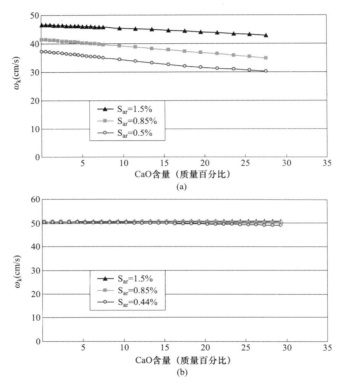

图 B.8　ω_k 与 CaO 含量的关系曲线

B.3.7　MgO 对电除尘器性能的影响

MgO 易和 SO_3 生成 $MgSO_4$，从而削弱 SO_3 的作用，并导致飞灰粒度减小，因此是不利因素。

测试了国内某两种典型飞灰中 MgO 含量与 ω_k 的关系，见图 B.9，图中的三条曲线分别对应煤中三种不同 S_{ar} 含量时 ω_k 的变化曲线。此图表征的定性关系为：飞灰中的 MgO 会对电除尘器除尘性能产生不利的影响，但不论 MgO 含量如何改变，其对应的 ω_k 变化较小或基本维持在某一恒定数值，即飞灰中的 MgO 对电除尘器的除尘性能影响较小。

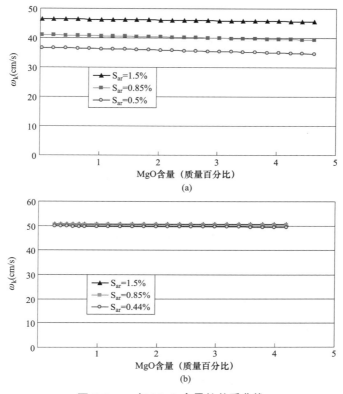

图 B.9　ω_k 与 MgO 含量的关系曲线

B.3.8　飞灰可燃物对电除尘器性能的影响

飞灰可燃物（Cfh）可使飞灰比电阻下降，但在其被收集到极板后很容易返回。Cfh≤5%时，可视为有利因素；当 5%＜Cfh≤8%时，有时有不利影响；Cfh＞8%时，易造成二次飞扬，影响明显加大，对除尘不利。

通过以上分析可知，煤、飞灰成分中的 S_{ar}、Na_2O、Fe_2O_3、Al_2O_3 及 SiO_2 对电除尘器性能影响很大，其中 S_{ar}、Na_2O、Fe_2O_3 对除尘性能起着有利的影响，Al_2O_3 及 SiO_2 对除尘性能则起着不利的影响，而且对除尘性能的影响是煤、飞灰成分综合作用的结果。K_2O、SO_3、CaO、MgO 对电除尘器性能的影响相对较小。高 S_{ar} 煤时，S_{ar} 对电除尘器的性能起着主导的作用，而低 S_{ar} 煤时，S_{ar} 的影响相对减弱，而主要取决于飞灰中碱性氧化物的含量、烟气中水的含量及烟气温度等。

B.4　煤、飞灰的其他性质对电除尘器性能的影响分析

B.4.1　飞灰粒径

当粒径大于 1μm 时，粉尘驱进速度与粒径为正相关；当粒径为 0.1μm～1μm 时，粉尘的驱进速度最小；当粒径小于 0.1μm 时，粉尘驱进速度与粒径为负相关。总体来说，$PM_{2.5}$ 电场荷电和扩散荷电均较弱，电除尘器对其除尘效率相对较低；且其黏附性较强，

振打加速度不足时，清灰效果差，振打加速度较大时，易引起二次扬尘。

B.4.2 挥发分

挥发分的高低直接影响煤燃烧的难易程度，挥发分高的煤易燃烧，而燃烧的程度又将影响烟气及飞灰成分。

B.4.3 发热量

发热量越低，煤耗就越大，因此烟气量越大。

B.4.4 灰熔融性

灰的熔融温度与其成分有密切关系，灰中 Al_2O_3、SiO_2 含量越高，则灰熔融温度越高；Na_2O、K_2O、Fe_2O_3、MgO、CaO 等有利于降低灰熔融温度。一般地，灰的熔融温度高，不利除尘。

B.4.5 飞灰密度

一般地，粒度小，堆积密度大。当真密度与堆积密度之比大于 10 时，电除尘器二次飞扬会明显增大，应给予注意。

B.4.6 黏附性

由于飞灰有黏附性，可使微细粉尘凝聚成较大的粒子，这有利于除尘。但黏附力强的飞灰，会造成振打清灰困难，阴、阳极易积灰，不利于除尘。一般地，粒径小、比表面积大的飞灰黏附性强。

B.5 烟气温度对电除尘器性能的影响分析

烟气温度对飞灰比电阻影响较大，图 B.10 为燃煤锅炉飞灰比电阻随温度变化的典型曲线。由图可见，在温度小于 100℃时，以表面导电为主；温度大于 250℃时，以体积导电为主；在 100℃～250℃温度范围内，则表面导电与体积导电共同起作用。

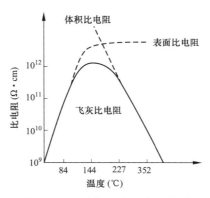

图 B.10　温度与飞灰比电阻关系

一般地，飞灰比电阻在烟气温度为 150℃左右时达到最大值，如果烟气温度从 150℃下降至 100℃左右，比电阻降幅最大可达一个数量级以上，同时烟气温度降低，烟气量减小，增大了比集尘面积（SCA），增加了电场停留时间，对除尘有利。

附　录　C

（资料性附录）

电除尘器对煤种的除尘难易性评价方法

C.1　评价方法综述

可按以下四种评价方法进行电除尘器对煤种的除尘难易性评价：① 按煤种名称评价；② 按煤、飞灰成分评价；③ 按多元回归分析法进行评价；④ 按表观驱进速度 ω_k 评价。

由于很多煤种没有名称，因此方法①的覆盖面较小，且相同名称的煤种成分也存在一定的差异。因飞灰的组成成分多，煤、飞灰对除尘性能的影响是其综合作用的结果，且影响电除尘器性能的因素十分复杂，因此方法②、方法③的准确性存在一定偏差，且不能涵盖所有煤种。方法③仅考虑了两种成分，准确性较方法②差。方法④较科学，但需专业软件进行计算。在进行电除尘器对煤种的除尘难易性评价时，建议同时采用上述两种以上的评价方法。

C.2　按煤种名称评价

按煤种名称评价 ESP 对国内煤种的除尘难易性见表 C.1。

表 C.1　按煤种名称评价 ESP 对国内煤种的除尘难易性

除尘难易性	所对应煤种名称
容易	筠连无烟煤、重庆松藻矿贫煤、神府东胜煤、神华烟煤、神木烟煤、锡林浩特胜利煤田褐煤、桐梓无烟煤、陕西榆横矿区煤、灵新矿煤、平庄元宝山露天矿、平庄风水沟矿煤等
较容易	陕西黄陵煤、陕西烟煤、龙堌矿烟煤、珲春褐煤、平庄褐煤、晋北煤、纳雍无烟煤、水城烟煤、铁法矿煤、铁法大平煤、铁法大隆煤、永城煤种、江西丰城煤、俄霍布拉克煤矿煤、大同地区煤、乌兰木伦煤、古叙煤田的无烟煤、山西平朔 2 号煤、活鸡兔煤、红柳林煤矿等
一般	陕西彬长矿区烟煤、山西平朔煤、宝日希勒煤、金竹山无烟煤、水城贫瘦煤、滇东烟煤、山西无烟煤、龙岩无烟煤、鸡西烟煤、新集烟煤、淮南煤、平朔安太堡煤、神华侏罗纪煤、山西贫瘦煤、鹤岗煤、山西汾西煤等
较难	霍林河露天矿褐煤、淮北烟煤、大同塔山煤、同忻煤、伊泰 4 号煤、兖州煤、山西晋城赵庄矿贫煤、郑州贫煤（告成矿）、来宾国煤等
难	平顶山烟煤、准格尔煤等

C.3　按煤、飞灰成分评价

按煤、飞灰成分评价 ESP 对国内煤种的除尘难易性见表 C.2。

表 C.2　按煤、飞灰成分评价 ESP 对国内煤种的除尘难易性

除尘难易性	煤、飞灰成分（质量百分比）所满足的条件（满足其中一条即可）
容易	1）$Na_2O>0.3\%$，且 $S_{ar}>1\%$，且（$Al_2O_3+SiO_2$）≤70%，同时 Al_2O_3≤35%； 2）$Na_2O>1\%$，且 $S_{ar}>0.3\%$，且（$Al_2O_3+SiO_2$）≤70%，同时 Al_2O_3≤35%
容易或较容易	1）$Na_2O>0.3\%$，且 S_{ar}≥1%，且（$Al_2O_3+SiO_2$）≤80%，同时 Al_2O_3≤40%； 2）$Na_2O>1\%$，且 $S_{ar}>0.3\%$，且（$Al_2O_3+SiO_2$）≤80%，同时 Al_2O_3≤40%； 3）$Na_2O>0.4\%$，且 $S_{ar}>0.4\%$，且（$Al_2O_3+SiO_2$）≤80%，同时 Al_2O_3≤40%； 4）Na_2O≥0.4%，且 $S_{ar}>1\%$，且（$Al_2O_3+SiO_2$）≤90%，同时 Al_2O_3≤40%； 5）$Na_2O>1\%$，且 $S_{ar}>0.4\%$，且（$Al_2O_3+SiO_2$）≤90%，同时 Al_2O_3≤40%
较容易	1）$Na_2O>0.3\%$，且 S_{ar}≥1%，且 70%<（$Al_2O_3+SiO_2$）≤80%，同时 Al_2O_3≤40%； 2）$Na_2O>1\%$，且 $S_{ar}>0.3\%$，且 70%<（$Al_2O_3+SiO_2$）≤80%，同时 Al_2O_3≤40%； 3）0.4%<Na_2O≤1%，且 0.4%<S_{ar}≤1%，且（$Al_2O_3+SiO_2$）≤80%，同时 Al_2O_3≤40%； 4）0.4%<Na_2O≤1%，且 $S_{ar}>1\%$，且 70%<（$Al_2O_3+SiO_2$）≤90%，同时 Al_2O_3≤40%； 5）$Na_2O>1\%$，且 0.4%<$S_{ar}<1\%$，且 70%<（$Al_2O_3+SiO_2$）≤90%，同时 Al_2O_3≤40%
一般	1）Na_2O≥1%，且 S_{ar}≤0.45%，且 85%≤（$Al_2O_3+SiO_2$）≤90%，同时 Al_2O_3≤40%； 2）0.1%<$Na_2O<0.4\%$，且 S_{ar}≥1%，且 85%<（$Al_2O_3+SiO_2$）≤90%，同时 Al_2O_3≤40%； 3）0.4%<$Na_2O<0.8\%$，且 0.45%<$S_{ar}<0.9\%$，且 80%≤（$Al_2O_3+SiO_2$）≤90%，同时 Al_2O_3≤40%； 4）0.3%<$Na_2O<0.7\%$，且 0.1%<$S_{ar}<0.3\%$，且 80%≤（$Al_2O_3+SiO_2$）≤90%，同时 Al_2O_3≤40%
一般及以上	1）$Na_2O>0.3\%$，且 S_{ar}≥1%，且（$Al_2O_3+SiO_2$）≤90%，同时 Al_2O_3≤40%； 2）$Na_2O>1\%$，且 $S_{ar}>0.3\%$，且（$Al_2O_3+SiO_2$）≤90%，同时 Al_2O_3≤40%； 3）$Na_2O>0.3\%$，且 $S_{ar}>0.3\%$，且（$Al_2O_3+SiO_2$）≤85%，同时 Al_2O_3≤40%； 4）Na_2O≥0.6%，且 $S_{ar}>0.6\%$，且（$Al_2O_3+SiO_2$）≤90%，同时 Al_2O_3≤40%； 5）$Na_2O>0.3\%$，且 $S_{ar}>0.1\%$，且（$Al_2O_3+SiO_2$）≤70%，同时 Al_2O_3≤40%
较难	1）0.1%≤Na_2O≤0.2%，且 S_{ar}≤1.1%，同时（$Al_2O_3+SiO_2$）≥75%； 2）0.2%<$Na_2O<0.4\%$，且 0.5%≤S_{ar}≤1%，同时（$Al_2O_3+SiO_2$）≥90%； 3）$Na_2O<0.4\%$，且 $S_{ar}<0.6\%$，同时（$Al_2O_3+SiO_2$）≥80%
较难或难	1）Na_2O≤0.2%，且 S_{ar}≤1.4%，同时（$Al_2O_3+SiO_2$）≥75%； 2）Na_2O≤0.4%，且 S_{ar}≤1%，同时（$Al_2O_3+SiO_2$）≥90%； 3）$Na_2O<0.4\%$，且 $S_{ar}<0.6\%$，同时（$Al_2O_3+SiO_2$）≥80%
难	1）Na_2O≤0.1%，且 S_{ar}≤1.4%，同时（$Al_2O_3+SiO_2$）≥75%； 2）Na_2O≤0.2%，且 $S_{ar}<0.5\%$，同时（$Al_2O_3+SiO_2$）≥90%
注：表中除尘难易性为"容易或较容易"、"一般及以上"、"较难或难"的，具有较高的准确率和涵盖率	

C.4　按多元回归分析法进行评价

按多元回归分析法评价 ESP 对国内煤种的除尘难易性见表 C.3。

表 C.3　按多元回归分析法评价 ESP 对国内煤种的除尘难易性

除尘难易性	选 型 条 件	
	电除尘器出口烟气含尘浓度要求为 50mg/m³	电除尘器出口烟气含尘浓度要求为 30mg/m³ 及以下
容易	样本的硫分≥Y （$Y=-3.2\times Na_2O+1.6\%$）	样本的硫分≥Y （$Y=-1.5\times Na_2O+1.6\%$）
较容易		
一般		样本的硫分<Y （$Y=-1.5\times Na_2O+1.6\%$）， 且 $Al_2O_3/(Al_2O_3+SiO_2)\leqslant40\%$
较难	样本的硫分<Y （$Y=-3.2\times Na_2O+1.6\%$）， 且 $80\%<(Al_2O_3+SiO_2)\leqslant89\%$	样本的硫分<Y （$Y=-1.5\times Na_2O+1.6\%$）， 且 $Al_2O_3/(Al_2O_3+SiO_2)>40\%$
难	样本的硫分<Y （$Y=-3.2\times Na_2O+1.6\%$）， 且（$Al_2O_3+SiO_2$）>89%	

C.5　按表观驱进速度 ω_k 评价

按表观驱进速度 ω_k 值的大小评价 ESP 对国内煤种的除尘难易性，见表 C.4。

表 C.4　按 ω_k 评价 ESP 对国内煤种的除尘难易性

ω_k 值	除尘难易性
$\omega_k\geqslant55$	容易
$45\leqslant\omega_k<55$	较容易
$35\leqslant\omega_k<45$	一般
$25\leqslant\omega_k<35$	较难
$\omega_k<25$	难

附 录 D

（资料性附录）

选 型 设 计 修 正❶

D.1 选型设计修正概述

以燃煤为例，由于存在大量的变量，许多供货商和学者们提出了一些 ω_k 的修正模型，这些模型或多或少具有一定的准确性，但通常都是他们的专有资料，因此不会公开。利用修正因数对偏差进行纠正是比较实用的，所选的修正因数将直接影响 ω_k 的最终值。修正因数可分为两组：过程修正和设计修正。修正所附加的安全系数经常被应用于以下情况：

1） 设备之间的变化。由于"恒等"工况而出现的相似结果；

2） 不适当的修正因数。这个比较重要，尤其是在修正因素在可知范围之外时。

安全系数可以通过很多不同方法表示。例如，比类似电除尘器获得的驱进速度使用更保守的数据，或者使用比经验数据中电除尘器尺寸更大的集尘面积。安全系数意味着期望排放值比保证的排放值要低。

D.2 过程修正

D.2.1 烟气温度及密度

电晕特性随着这两个参数的变化而变化。低的烟气温度或者高的密度，将提高起晕电压、增加电场强度和驱进速度。对干式电除尘器比较重要的是，烟气温度在烟气露点之上以防止腐蚀和减少由于黏性粉尘而导致的粉尘集结。

D.2.2 烟气成分

例如，水分和 SO_2 含量的增加增强了烟气的电特性，从而提高电压，增强驱进速度，湿度的变化将影响粉尘的比电阻。

D.2.3 颗粒尺寸分布

微细颗粒含量越多，ω_k 就越低。大量的微细粉尘将导致电晕抑制，这将导致其很难获取合适的电晕电流。在这种状况下可预测驱进速度会减小。

D.2.4 粉尘成分及比电阻

这两个因素对驱进速度的影响比较显著，也是选型设计的首要因素。不同燃煤的粉尘驱进速度相差五倍的情况也不少见，这也导致了在给定除尘效率前提下电除尘器尺寸存在很大的差异。Si、Al、Ca 元素一般会增加比电阻，而 Na、Fe 元素则会降低其比电

---

❶ 本附录参考了欧洲暖通空调协会联盟（Rehva）/CostG3 组织工业通风系统和设备指导书 Electrostatic Precipitators for industrial applications（Industrial Ventilation System and Equipment）。

阻。图 D.1 给出了在相同烟气量时达到相等除尘效率所必需的 SCA 随低硫煤中 Na 含量变化的关系。其相关的 SCA 数据是从 20 世纪 60 年代到 70 年代的实验测试中产生的。虽然从那以后产生的现代高压控制技术导致两者关系有些不同，但煤与诸如 Na_2O 之间关系的数量级仍然没有变化。

D.2.5　含尘量

当粉尘含尘量增加时，如锅炉中出现的更多更粗的颗粒，经常需对 ω_k 进行正修正。一般认为在电除尘器前对粗颗粒进行预收集可减小用于收集微细颗粒物的电除尘器尺寸，然而这也并非一定正确，许多实例表明在不使用预收集时，其排放却有所降低了。因粗的颗粒有利于捕获微细颗粒，由于微细颗粒物经常具有较高的比电阻，因此在捕获后其比电阻降低，供电性能也得到了改善，振打效率也因为粉饼层特性的改变而得到提高。高的烟气含尘浓度本身并不是高效除尘的一个限制因素。电除尘器在含尘浓度超过 $2000g/m^3$ 时，已有成功应用的案例。

D.2.6　碳氢化合物

含量较少，其入口粉尘中含量<0.1%，如未燃烧的油，会对比电阻和电除尘器的性能造成不利的影响。

D.2.7　未燃烧的低比电阻颗粒

这些未燃烧颗粒即为烧失量（loss on ignition，LOI）。这些颗粒在电除尘器内跳跃或者飞扬而不会沉积在阳极板的粉尘层上。对这部分颗粒的除尘效率取决于气流速度，较低的速度能提高收集效果。

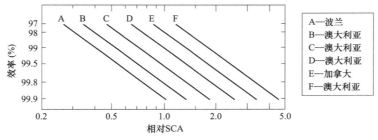

特性＼煤种	A	B	C	D	E	F
A_{ar}（干态）%	10	16	31	19	18	28
S_{ar} %	0.7	0.36	0.34	0.62	0.27	0.26
飞灰中 Na_2O %	0.80	0.65	0.50	0.10	0.30	0.10

图 D.1　不同低硫煤不同 Na_2O 含量在相同烟气量时达到相等除尘效率所必需的相对 SCA

例如，对于给定的除尘效率 99.5%，在相同烟气量的提前下，F 煤需要约 5 倍于 A 煤的 SCA。

D.3 设计修正

D.3.1 电极类型、振打等

放电极可根据多种工况设计：如应对高比电阻工况、减少电晕抑制、方便清灰。振打形式对电除尘器的设计非常重要。在复杂工况中的不合理振打将导致阳极板粉尘的堆积，从而降低除尘效率。这些都是影响除尘性能或驱进速度的因素。

D.3.2 在长度上的供电分区数量

由于区间荷电效应——电晕抑制——减少电除尘器下游电流状况变化，对于给定的总集尘面积，更多的供电分区数量将增加驱进速度。

D.3.3 供电分区大小

每个供电分区的大小也是需要考虑的参数。在统计学上，大面积的分区会比小面积的分区更经常性地产生火花。火花将会逐渐地损坏内件（电腐蚀）和降低性能（由于火花发生时和过后的短暂时间内，没有用来驱使颗粒移向阳极板的电场）。即使在大供电分区，火花率（sparks/min）必须保持在一个较低值，因此，供电分区面积越大，其单位面积的能量输入越少。需要注意的是，在试验用电除尘器中，普遍可以看到比大型设备更高的驱进速度。在应用缩小模型试验结果进行全尺电除尘器设计时，必须考虑取决于能量输入和其他参数的尺寸效应。

D.3.4 长高比

长高比定义为总的有效长度与有效高度之比。小长高比（短而高的电除尘器）导致更大的振打损失。振打过程中脱离的粉尘，有一部分由于水平的气体速度而直接进入出口管道。长高比一般应接近或大于 1.0，但在某些特殊场合其值也会降至 0.6。

D.3.5 烟气流速

烟气流速较高时，在振打过程及振打间隔中都存在二次扬尘的风险。为了达到低的排放，其趋势是减小烟气流速，对于现代电除尘器，其速度一般在 1m/s 左右。当粉尘具有较好的凝聚性能时，高达 1.7m/s～1.8m/s 的气体速度并不会引起驱进速度的衰减。对于低的气体速度，如小于 0.5m/s，气体将因为温度原因而使其很难形成较好的气流分布，因此需要避免这种情况的产生。几乎没有将电除尘器烟气流速小于 0.5m/s 作为设计速度的情况。

附 录 E
（资料性附录）
除尘设备技术经济性分析

E.1 除尘设备技术经济性分析概述

为客观地选择综合经济性更好的除尘设备，在选型设计完成后，有必要对电除尘器与燃煤电厂用其他除尘设备（如袋式除尘器、电袋复合除尘器）进行技术经济性比较，比较项目汇总见表 E.1。

电除尘器的技术经济性与燃用煤种、飞灰特性及烟气成分等有着密切的关系。

表 E.1 除尘设备技术经济性比较项目

类别	比 较 项 目		备注
技术特点	除尘效率、平均压力损失、最终压力损失、适用范围等		
经济性	设备费用	设备初始投资费用	可根据需要增加"烟尘排放费用比较"等
	电耗费用	设备功耗所对应的电耗费用（含设备压力损失引起的引风机、空气压缩机功耗等）	
	维护费用	易损件更换及施工，滤袋、笼骨等更换及施工等费用	
	年运行费用	电耗费用与年维护费用之和	
安全可靠性	安全及可靠性	耐受烟气温度、湿度、酸碱度变化大小的能力以及保证连续运行时间的长短	重点考虑工况改变或发生故障情况
占地面积	本体占地面积 m²	长×宽	达到相同除尘效率时的占地面积

E.2 技术特点比较

三类除尘设备的技术特点比较见表 E.2。

表 E.2 三类除尘设备技术特点比较

项目	电除尘器	袋式除尘器	电袋复合除尘器	
			一体式	分体式
除尘效率	对设计煤种或与设计煤种相差较小的煤种，可以保证排放达标	煤种变化、不破袋时，排放都可达标	煤种变化、不破袋时，排放都可达标	煤种变化、不破袋时，排放都可达标
平均压力损失 Pa	200～300	<1200	<800	<1000
最终压力损失 Pa	200～300	<1500	<1100	<1300

E.3 经济性比较

除尘设备的经济性应以一次性投资费用即设备费用和全生命周期内即设计寿命 30 年的年运行费用总和进行评估。年运行费用仅指除尘设备电耗费用（包括引风机、空气压缩机功率消耗等）与维护费用之和。

为了便于定量分析比较，以达到 30mg/m³ 烟尘排放标准，新建一套 600MW 机组配套除尘设备（处理烟气量按 3 600 000m³/h 计）为例进行经济性分析。

几种除尘设备的关键设计参数设定为：① 电除尘器：5 个电场、比集尘面积约为 110m²/(m³·s⁻¹) 以及 6 个电场、比集尘面积约为 140m²/(m³·s⁻¹) 两种规格。② 袋式除尘器：过滤速度为 1m/min。③ 电袋复合除尘器（包括一体式及分体式）：电除尘器为 2 个电场、除尘效率 90%，其袋式除尘器的过滤速度为 1.2m/min。电除尘器及电袋复合除尘器均采用节能运行方式。

E.3.1 电耗费用比较

电费按 0.35 元/kWh、运行时间按 7000h/年计。电除尘器的电耗主要为引风机及高压整流设备的功耗，袋式除尘器的电耗主要为引风机、空气压缩机及冷冻干燥机的功耗，其电耗费用比较见表 E.3。

表 E.3 电 耗 费 用 比 较

项　　目	电除尘器		袋式除尘器	电袋复合除尘器	
	5 电场	6 电场		一体式	分体式
阻力导致引风机的功率消耗 kW	300	300	1440	960	1200
空气压缩机功率消耗 kW	0	0	180	60	60
冷冻干燥机功率消耗 kW	0	0	20	8	8
电除尘器运行功率消耗 kW	650	750	0	260	260
功率消耗合计 kW	950	1050	1640	1288	1528
电耗费用合计 万元/年	233	257	402	316	374

注 1：引风机功耗按 P=[处理烟气量 (m³/h)×阻力(Pa)]/(3600×0.85×0.98×1000)计算。
注 2：电除尘器的运行功耗与电控设备的类型、本体结构、工况条件及运行管理等密不可分，上表中各值为典型值

E.3.2 设备费用及年运行费用比较

电除尘器设计寿命按 30 年计，极板、极线、轴承、锤头、瓷套、瓷轴等易损件寿命按 10 年计，易损件每 10 年的更换费用按电除尘器设备费用 15%计。袋式除尘器及电袋复合除尘器中的滤袋为：PPS/PPS，进口纤维，550g/m²，PTFE 表面处理，其寿命按 4 年计，笼骨、脉冲阀寿命按 8 年计。设备费用与年运行费用比较见表 E.4。

表 E.4　设备费用及年运行费用比较

项　目	电除尘器		袋式除尘器	电袋复合除尘器	
	5 电场	6 电场		一体式	分体式
设备费用 万元	3150	3700	3000	3450	3450
年运行费用					
易损件的更换费用 万元	47	55	0	0	0
滤袋、笼骨的更换费用 万元	0	0	250	208	208
电耗费用 万元	233	257	402	313	372
年运行费用合计 万元	280	312	652	521	580
年运行费用相差 万元	−372	−340	0	−131	−72

其设备费用与年运行费用比较结果为：

a)　设备费用：

袋式除尘器＜电除尘器（5 电场）＜一体式电袋＝分体式电袋＜电除尘器（6 电场）。

b)　年运行费用：

电除尘器（5 电场）＜电除尘器（6 电场）＜一体式电袋＜分体式电袋＜袋式除尘器。

E.3.3　经济性比较

E.3.3.1　三类除尘设备运行 1 年、10 年、20 年、30 年时和运行 30 年期间的总费用比较分别见图 E.1～图 E.5。

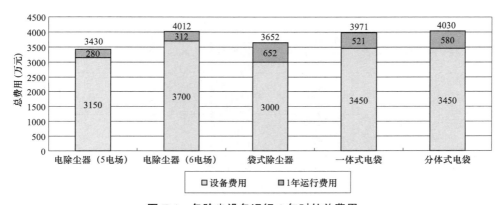

图 E.1　各除尘设备运行 1 年时的总费用

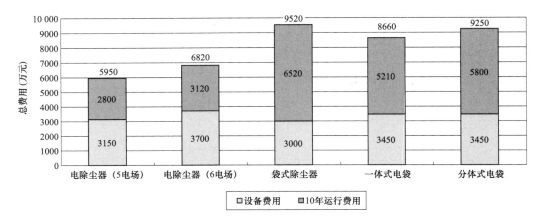

图 E.2　各除尘设备运行 10 年时的总费用

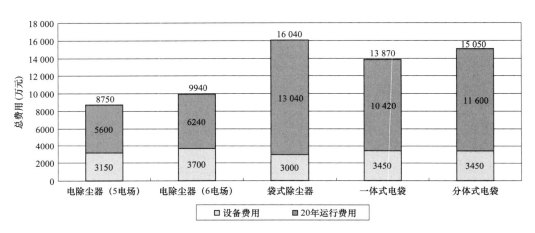

图 E.3　各除尘设备运行 20 年时的总费用

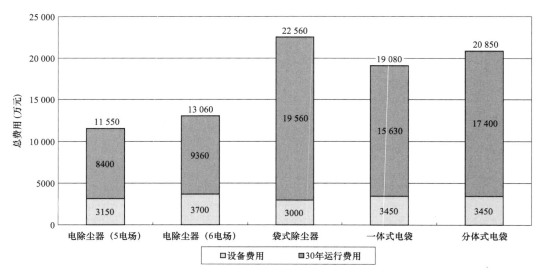

图 E.4　各除尘设备运行 30 年时的总费用

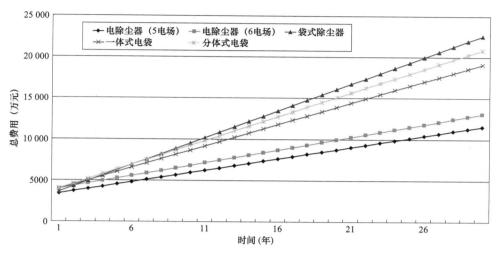

图 E.5　各除尘设备运行 30 年期间的总费用

E.3.3.2　上述除尘设备的总费用比较如下：

a)　运行 1 年时：电除尘器（5 电场）＜袋式除尘器＜一体式电袋＜电除尘器（6 电场）＜分体式电袋；

b)　运行 10 年时：电除尘器（5 电场）＜电除尘器（6 电场）＜一体式电袋＜分体式电袋＜袋式除尘器；

c)　运行 20 年时：电除尘器（5 电场）＜电除尘器（6 电场）＜一体式电袋＜分体式电袋＜袋式除尘器；

d)　运行 30 年时：电除尘器（5 电场）＜电除尘器（6 电场）＜一体式电袋＜分体式电袋＜袋式除尘器。

E.3.3.3　从以上比较可知：

a)　5 电场电除尘器、6 电场电除尘器、袋式除尘器、一体式电袋、分体式电袋的总费用比例为：

——当运行 1 年时：0.94:1.1:1:1.09:1.1；

——当运行 10 年时：0.63:0.72:1:0.91:0.97；

——当运行 20 年时：0.55:0.62:1:0.86:0.94；

——当运行 30 年时：0.51:0.58:1:0.85:0.92。

从整机寿命 30 年来看，电除尘器（包括 5 电场、6 电场）的经济性最好，一体式电袋其次，分体电袋较一体式电袋经济性差，袋式除尘器经济性最差。运行时间越长，电除尘器经济性越显著，即使采用 6 电场电除尘器，仍具有较好的经济性。

b)　当运行约 1.2 年时，电除尘器（5 电场）与袋式除尘器经济性相当，当运行约 2 年时，电除尘器（6 电场）与袋式除尘器经济性相当，当运行约 3.4 年时，袋式除尘器与一体式电袋经济性相当，当运行约 6.3 年时，袋式除尘器与分体式电袋经济性相当，超过 6 年后三类除尘设备的经济性规律维持不变。

E.4 安全可靠性比较

由于电除尘器对烟气温度及烟气成分的影响不敏感，所以电除尘器具有较好的安全可靠性。

配有完备旁通烟道的袋式除尘器，在发生事故时，高温烟气可通过旁通烟道外排，起到保护滤袋的作用，但此时烟尘排放浓度较高。另外，在使用不当时，可能会发生滤袋在短时间内大面积破损的严重问题。

配有旁通烟道的一体式电袋除尘器，电场区与滤袋区之间没有任何隔离，所以不能完全隔绝高温烟气对滤袋的影响。旁通烟道的入口布置在电场区的上方，经旁通烟道外排烟气的含尘浓度有一定程度的降低，对除尘器后设备（如风机）的影响小于袋式除尘器。

分体式电袋除尘器中，袋式除尘部分的旁通烟道布置与袋式除尘器相同，可以对滤袋起到很好的保护作用。打开旁通烟道时，由于经过 2 个电场的除尘，外排烟气的含尘浓度大大降低。

E.5 占地面积比较

将达到相同除尘效率时三类除尘设备的占地面积进行对比，见表 E.5。表中所占面积含进、出口喇叭，不含边部走梯。

其比较结果为：袋式除尘器＜一体式电袋＜分体式电袋＜电除尘器

表 E.5 占 地 面 积 比 较

项 目	电除尘器		袋式除尘器	电袋复合除尘器	
	5 电场	6 电场		一体式	分体式
长×宽 m	38×68	46×68	22×58	34×66	39×66
占地面积 m²	2584	3128	1276	2244	2574
注：表中数据为参考值					

E.6 技术经济性综合比较

三类除尘设备的技术经济性综合比较见表 E.6。

表 E.6　三类除尘设备技术经济性综合比较

序号	设备名称		技术特点及安全可靠性比较	经济性比较	占地面积比较
1	电除尘器	五电场	优点：除尘效率高、压力损失小、适用范围广、使用方便且无二次污染、对烟气温度及烟气成分等影响不像袋式除尘器那样敏感；设备安全可靠性好。 缺点：除尘效率受煤、飞灰成分的影响	设备费用较低；年运行费用低；经济性好	占地面积大
		六电场		设备费用高；年运行费用较低；经济性较好	
2	袋式除尘器		优点：不受煤、飞灰成分的影响，出口烟气含尘浓度低且稳定；采用分室结构，能在 100% 负荷下在线检修。 缺点：系统压力损失最大；对烟气温度、烟气成分较敏感；若使用不当滤袋容易破损并导致排放超标；目前旧滤袋资源化利用率较小	设备费用低；年运行费用高；经济性差	占地面积小
3	电袋复合除尘器	一体式	优点：不受煤、飞灰成分的影响，出口烟气含尘浓度低且稳定；破袋对排放的影响小于袋式除尘器。 缺点：系统压力损失较大；对烟气温度、烟气成分较敏感；一般不能在 100% 负荷下在线检修；目前旧滤袋资源化利用率较小	设备费用较高；年运行费用较高；经济性较差	占地面积较小
		分体式	优点：不受煤、飞灰成分的影响，出口烟气含尘浓度低且稳定；能在 100% 负荷下分室在线检修；在点炉、高温烟气等恶劣工况下可正常使用电除尘器但滤袋不受影响；设备对高温烟气、爆管等突发性事故的适应性好。破袋对排放的影响小于袋式除尘器。 缺点：压力损失大；对烟气温度、烟气成分较敏感；目前旧滤袋资源化利用率较小	设备费用较高；年运行费用较高；经济性较差	占地面积较大

E.7　结论

E.7.1　从投资角度看，除了电除尘器除尘较难的煤种外，对于国内大部分煤种，电除尘器都具有较好的技术经济性，运行管理也比袋式除尘器、电袋复合除尘器简单。

E.7.2　从运行成本看，电除尘器的阻力低，风机运行能耗低，不需要更换滤料，实际能耗也不高，节能运行后能耗明显低于其他除尘设备，所以电除尘器的运行费用是比较低的。

E.7.3　电除尘器是能够同时达到低排放、高效率和低能耗的除尘设备。"即使电场数量达到 6 个，比集尘面积为 $150m^2/(m^3 \cdot s^{-1})$ 时，电除尘器仍具有较好的经济性"的结论已在业内形成共识。当然各除尘设备的投资、运行的技术经济性与项目特定的情况密切相关，具体项目应具体分析。

附 录 F

（资料性附录）

推荐使用的电除尘新技术及新工艺

F.1 推荐使用的电除尘新技术及新工艺概述

电除尘器对中国煤种具有广泛的适应性，大部分中国煤种可直接使用电除尘器达到新的烟尘排放标准。近几年，电除尘新技术不断涌现，进一步提高了电除尘器的除尘效率，扩大了电除尘器的适用范围。目前的电除尘新技术有：低低温电除尘技术、移动电极电除尘技术、机电多复式双区电除尘技术、SO_3烟气调质技术、粉尘凝聚技术、新型高压电源技术等。低低温电除尘技术可有效提高除尘效率，是一项新技术，另外，从通过降低烟气温度改变工况条件这一角度看，也是一项新工艺。在当前国家要求重点控制地区要达到特别排放限值和高度重视$PM_{2.5}$治理背景下，除了准确识别电除尘器对煤种的除尘难易程度，选取合适的比集尘面积外，合理选择烟尘治理的工艺路线显得尤为重要，电除尘新工艺具有非常突出的优势，电除尘新工艺有低低温电除尘技术和湿式电除尘技术。

移动电极电除尘、机电多复式双区电除尘、SO_3烟气调质等技术在国内已经成熟，并在多个项目上应用。粉尘凝聚技术在国外已经成熟，国内已有数家公司掌握其核心技术，并在几个项目上应用，情况良好。

近年来，我国电除尘供电电源的新技术开发取得了很大进展。以高频电源、中频电源和三相电源为代表的多种新型电源开发成功并得到广泛应用，这些新型电源大多具备高效率、高功率因数、节能等特点，具备直流和脉冲两种工作方式。另外，电除尘电源控制新技术如节能闭环控制、断电振打控制、反电晕控制等新技术的开发和应用，也给电除尘提效节能增添了巨大的提升空间。结合燃煤性质、飞灰性质、烟气性质等工况条件，科学合理选用电除尘器高压电源是一个非常重要的工作。在实际工作中，应根据各种高压电源的基本原理、主要特点、适用范围及电除尘器项目的具体要求，科学合理地选用电除尘用高压电源或高压电源组合，有针对性地应用电除尘电源控制新技术。

低低温电除尘技术在日本已得到广泛应用且效果良好，国内电除尘厂家从2010年开始逐步加大对低低温电除尘技术的研发，正进行有益的探索和尝试，已有600MW机组投运业绩。

国内有多家公司正在研发或引进湿式电除尘技术，已有数家公司掌握其核心技术，并有投运业绩。湿式电除尘器在满足极低排放、治理$PM_{2.5}$的效果得到一致认可，在环境保护部《环境空气细颗粒物污染防治技术政策（试行）》（征求意见稿）中鼓励电力企业应用，前景良好。

电除尘新技术（含多种新技术的集成）或新工艺，从电除尘工作原理入手，通过优化工况条件或改变除尘工艺路线或克服常规电除尘器存在高比电阻粉尘引起的反电晕、振打引起的二次扬尘及微细粉尘荷电不充分的技术瓶颈，从而大幅提高除尘效率，这与扩容增效相比是一种根本性变革。进一步扩大了电除尘器的适应范围，提高了除尘效率，推荐使用电除尘新技术及新工艺。

F.2　电除尘新技术

F.2.1　低低温电除尘技术

F.2.1.1　工作原理

通过低温省煤器或热媒体气气换热装置（MGGH）降低电除尘器入口烟气温度至酸露点温度以下，最低温度应满足湿法脱硫系统工艺温度要求。这样可使烟气中的大部分 SO_3 冷凝形成硫酸雾，黏附在粉尘表面并被碱性物质中和，粉尘的比电阻大大降低，粉尘特性得到很大改善，从而大幅提高除尘效率，同时可以去除烟气中大部分的 SO_3。

F.2.1.2　技术特点

低低温电除尘技术具有以下特点：

a)　烟气温度低于酸露点温度。

b)　SO_3 冷凝形成硫酸雾，黏附在粉尘表面，大幅降低飞灰的比电阻，粉尘特性得到很大改善，大幅提高除尘效率。

c)　可减少 SO_3 排放，烟气中的 SO_3 去除率最高可达 90%以上，与烟气的灰硫比（D/S），即粉尘浓度与硫酸雾浓度之比有关。

d)　对燃煤的含硫量比较敏感。

当低低温电除尘系统采用低温省煤器降低烟气温度时，还具有如下技术特点：

a)　可节省煤耗及厂用电消耗。

b)　灵活布置，低温省煤器可组合在 ESP 进口封头内，也可独立布置在 ESP 的前置烟道上。

F.2.1.3　国内外研究及应用情况

该技术在日本较为成熟，应用广泛，已有近 20 年的应用历史，装机总容量约 15 000MW。国内电除尘厂家从 2010 年开始逐步加大对低低温电除尘技术的研发，正进行有益的探索和尝试，已有 600MW 机组投运业绩，且已有多个电厂确定采用此技术。低低温电除尘技术可作为环保型燃煤电厂的首选除尘工艺，也可与其他成熟技术优化组合。

F.2.2　移动电极电除尘技术

F.2.2.1　工作原理

移动电极电除尘器收尘机理与常规电除尘器相同，由前级固定电极电场（常规电场）和后级移动电极电场组成。移动电极电场中阳极部分采用回转的阳极板和旋转的清灰刷。附着于回转阳极板上的粉尘在尚未达到形成反电晕的厚度时，被布置在非电场区的旋转清灰刷彻底清除，因此不会产生反电晕现象并最大限度地减少了二次扬尘，增加粉尘驱进速度，大幅提高电除尘器的除尘效率，降低排放浓度，同时降低对煤种变化的敏感性。

F.2.2.2　技术特点

移动电极电除尘技术具有以下特点：

a)　保持阳极板清洁，避免反电晕，有效解决高比电阻粉尘收尘难的问题。

b)　最大限度地减少二次扬尘，显著降低电除尘器出口烟气含尘浓度。

c)　减少煤、飞灰成分对除尘性能影响的敏感性，增加电除尘器对不同煤种的适应性，特别是高比电阻粉尘、黏性粉尘，应用范围比常规电除尘器更广。

d)　可使电除尘器小型化，占地少。

e)　特别适合于老机组电除尘器改造，在很多场合，只需将末电场改成移动电极电场，不需另占场地。

f)　与布袋除尘器相比，阻力损失小，维护费用低，对烟气温度和烟气性质不敏感，并且有着较好的性价比。

g)　在保证相同性能的前提下，与常规电除尘器相比，一次投资略高、运行费用较低、维护成本几乎相当。从整个生命周期看，移动电极电除尘器具有较好的经济性。

h)　对设备的设计、制造、安装工艺要求较高。

F.2.2.3　国内外研究及应用情况

从 1979 年日本日立公司研制出首台移动电极电除尘器至今，已有 30 多年的应用历史。目前，该设备在日本约有 60 多台（套）的销售业绩，主要应用于燃煤锅炉、烧结机、水泥窑、玻璃熔窑、流化床催化裂解等。装机总容量已超过 9000MW，涵盖 150MW～1000MW 机组。其应用情况表明，移动电极电除尘器是能够长期稳定维持高除尘效率的一种除尘设备。经过多年的实践，该技术在日本已经成熟。

国内相关单位自 2008 年开始研发移动电极电除尘技术，现已掌握其核心技术，已有数套 300MW 及以上机组移动电极电除尘器投入运行。其应用结果表明，移动电极电除尘器的提效明显。截至 2013 年 3 月底，已签订的 300MW 及以上机组移动电极电除尘器的合同装机总容量达 20 000MW，其中，1000MW 机组 2 套，600MW 机组 9 套。

F.2.3　机电多复式双区电除尘技术

F.2.3.1　工作原理

在电场结构上不仅将粉尘荷电区与收尘区分开，而且采用连续的多个小双区进行复式配置；同时在配电上，采用独立电源分别对荷电区与收尘区供电，使荷电与收尘各区段的电气运行条件最佳化。

由于收尘区采用了高场强的圆管—板式极配，实现了高电压低电流的运行特性，有效提高了对电除尘器后级电场细微粉尘的捕集，并可有效抑制高比电阻粉尘条件下的反电晕发生和低比电阻粉尘条件下的粉尘二次反弹，从而可提高并稳定除尘效率。

F.2.3.2　技术特点

机电多复式双区电除尘技术具有以下特点：

a) 采用由数根圆管组合的辅助电晕极与阳极板配对，运行电压高，场强均匀，电晕电流小，能有效抑制反电晕，并由于圆管电晕极的表面积大，可捕集正离子粉尘，从而达到节电和提高除尘效率的目的。

b) 一般仅用于最后一个电场，单室应用时需增加一套高压设备，而且辅助电极比普通阴极成本高。

F.2.3.3　国内外研究及应用情况

双区电除尘器是一种强化电除尘荷电与收尘机理的电除尘模式，其荷电区和收尘区在结构上是完全分开来的。双区电除尘器克服了常规单区电除尘器荷电与收尘互相牵制的缺点，对细粉尘、高比电阻粉尘捕集具有特殊效果。在国外，双区电除尘器常用于烟雾除尘（如隧道除尘等），美国 Allied 环境技术公司开发的 MSC^{TM} 除尘器也应用了双区的技术原理。

我国企业自主开发的新型双区电除尘器不仅将荷电区与收尘区分开，而且采用连续的多个小双区复式配置，使各区的电气运行条件最佳化。国内自 2004 年燃煤电厂第一台双区电除尘器投运以来，至今累计已成功投运 100 多台，最大配套火电装机容量为 1000MW 机组。

F.2.4　SO$_3$ 烟气调质技术

F.2.4.1　工作原理

借助飞灰表面毛细孔的孔壁场力、静电力等力的作用，调质剂（如水汽或硫酸）首先被吸附并凝结在这些毛细孔内，继而扩展到整个飞灰表面，形成一层水膜。飞灰表层所含的可溶金属离子，将溶于形成的液膜中，而变得易于迁移。在电场力作用下，溶于膜中的离子以膜为媒介，快速迁移，传递电荷。此外，通过改变飞灰的黏附性以及飞灰颗粒之间的作用力，增大飞灰的粒径，提高粉尘层间的黏附能力，减少二次扬尘。

SO$_3$ 烟气调质技术以固态硫磺为原料，经熔化硫磺、燃烧硫磺生成 SO$_2$、SO$_2$ 催化这三道简单工序后，最终制得 SO$_3$。因为设备在厂内安装调试，有效减少现场安装工作量，缩短了改造周期，减少投资。同时，相关设备高度集成化、自动化、操作灵活。可根据煤种变化、负荷大小和浊度，全自动控制设备的投用与否及 SO$_3$ 注入率的大小，保证排放达标下最经济运行。

F.2.4.2　技术特点

SO$_3$ 烟气调质技术具有以下特点：

a) 能够有效地降低粉尘比电阻，提高电除尘器对高比电阻粉尘的除尘效率。

b) 能够继续保留电除尘器低阻、高可靠性的特点。

c) 适用于粉尘比电阻大于等于 1.0×10^{11}（$\Omega \cdot cm$）场合，且应用具有一定的局限性，不是所有的工况都适合使用，也会受烟气条件和粉尘性质的影响和制约；其对煤种、烟气条件的适应性往往需经过理论分析后，再经实际实验来确定。

d) SO$_3$ 注入量要适量并控制好，避免 SO$_3$ 逃逸。

61

F.2.4.3 国内外研究及应用情况

SO$_3$ 烟气调质技术是一种非常成熟的技术，在欧美发达国家燃煤锅炉上的应用已有近半个世纪历史，全世界运行的烟气调质系统已经超过 500 套。典型的烟气调质公司有德国 Pentol 公司、美国 Wahlco 公司，两家公司的应用业绩均达到 100 多台。

我国通过引进技术国产化的 SO$_3$ 烟气调质设备早已成功应用，至今已完成 2 台 200MW 机组、4 台 300MW 机组、12 台 600MW 机组、4 台 1000MW 机组的工程应用。

F.2.5 粉尘凝聚技术

F.2.5.1 工作原理

含尘气体进入除尘器前，先对其进行分列荷电处理，使相邻两列的烟气粉尘带上正、负不同极性的电荷，并通过扰流装置的扰流作用，使带异性电荷的不同粒径粉尘产生速度或方向差异而有效凝聚，形成大颗粒后被电除尘器有效收集。

F.2.5.2 技术特点

粉尘凝聚技术的特点如下：

a) 减少烟尘总质量排放，提高电除尘器除尘效率。

b) 显著减少 PM$_{2.5}$ 的排放，改善大气能见度，提高空气质量。

c) 减少汞、砷等有毒元素的排放。

d) 压力损失小于 250Pa。

e) 提效受除尘设备出口烟气含尘浓度和粉尘粒径等影响，且其提效具有一定的范围。

f) 不适用磨琢性强的粉尘（如烧结和团球等粉尘）。

F.2.5.3 国内外研究及应用情况

国外公司从 1999 年就开始研究粉尘凝聚技术，2002 开始工业应用，据不完全统计，至今已有 10 余套应用业绩，设备运行良好，效果显著。国内相关单位自 2008 年开始研发粉尘凝聚技术，已掌握其核心技术，分别在 300MW 机组、135MW 机组上得到了应用，第三方测试机构对 300MW 机组应用工程的测试结果表明，ESP 出口 PM$_{2.5}$ 的下降率 30%以上，总烟尘质量浓度的下降率 20%以上。截至 2013 年 3 月底，已签订粉尘凝聚装置的机组合同共 8 套，分别为 660MW 机组 1 套，300MW 机组 3 套，135MW 机组 4 套。

F.3 电除尘新工艺

F.3.1 低低温电除尘技术

低低温电除尘技术可有效提高除尘效率，是一项新技术；另外，从通过降低烟气温度改变工况条件这一角度看，也是一项新工艺。其工作原理、技术特点、国内外研究及应用情况，如 F.2.1 所述。

燃煤电厂烟气治理岛（低低温电除尘）典型系统布置见图 F.1 和图 F.2。

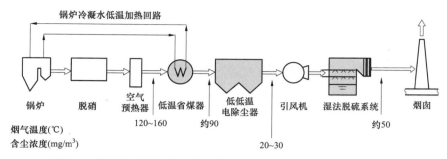

图 F.1　燃煤电厂烟气治理岛（低低温电除尘）典型系统布置图一

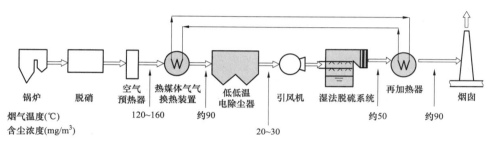

图 F.2　燃煤电厂烟气治理岛（低低温电除尘）典型系统布置图二

F.3.2　湿式电除尘技术（WESP）

F.3.2.1　工作原理

WESP 与干式 ESP 的除尘原理相同，都要经历荷电、收集和清灰三个阶段。与 ESP 清灰不同的是，WESP 采用液体冲刷集尘极表面来进行清灰。

F.3.2.2　技术特点

湿式电除尘技术特点如下：

a）　有效收集微细颗粒物（$PM_{2.5}$ 粉尘、SO_3 酸雾、气溶胶），重金属（Hg、As、Se、Pb、Cr），有机污染物（多环芳烃、二噁英）等。烟尘排放浓度可达 $10mg/m^3$、甚至 $5mg/m^3$ 以下。

b）　收尘性能与粉尘特性无关，也适用于处理高温、高湿的烟气。

c）　进入 WESP 电场的烟气温度需降低到饱和温度以下。

d）　本体阻力 $200Pa \sim 300Pa$。

e）　内部水膜用水经过滤后循环使用。

F.3.2.3　应用场合

在国家执行特别排放限值和严格控制 $PM_{2.5}$ 的地区，燃煤电厂采用新的烟尘治理工艺布置是一个较好的选择。即湿法脱硫前的电除尘器只需保证满足脱硫工艺要求，湿法脱硫后增加湿式电除尘器，一并解决石膏雨，微细颗粒物（$PM_{2.5}$ 粉尘、SO_3 酸雾、气溶胶），粉尘低排放等问题。此方案新建和改造均可采用，应用场合如下：

a）　要求烟囱烟气排放含尘浓度低于特别排放限值或要求更低排放（$\leqslant 10mg/m^3$），且对 $PM_{2.5}$ 粉尘、SO_3 酸雾、气溶胶等排放有较高要求时。

b) 除尘设备改造难度大或费用很高、原除尘设备不改造也不影响湿法脱硫系统安全运行，且场地允许时。

c) 湿法脱硫后烟气含尘浓度增加，导致排放超标，且湿法脱硫系统较难改造时。

F.3.2.4 经济性

WESP 设备投资费用较高，故容量设计要合理；投资技术经济性和运行成本要从整体进行评价。

F.3.2.5 典型系统布置

燃煤电厂烟气治理岛（湿式电除尘）典型系统布置见图 F.3 和图 F.4（可不布置低温省煤器或热媒体气气换热装置）。

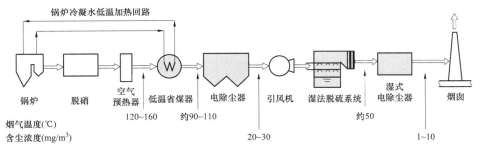

图 F.3 燃煤电厂烟气治理岛（湿式电除尘）典型系统布置图一

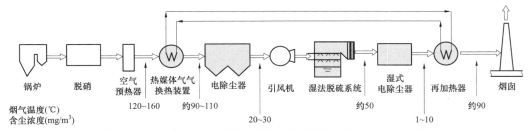

图 F.4 燃煤电厂烟气治理岛（湿式电除尘）典型系统布置图二

F.3.2.6 国内外研究及应用情况

该技术在美国、欧洲、日本较为成熟，已有近 30 年的成功应用历史。目前国内相关单位正在积极研发或引进湿式电除尘技术，已有投运业绩，且有多个电厂签订湿式电除尘器合同或确定采用此技术。

F.4 新型高压电源技术

F.4.1 新型高压电源技术概述

新型高压电源包括高频高压电源、中频高压电源、三相工频高压电源和脉冲高压电源四种。中频高压电源与高频高压电源特点相类似，本附录从略推荐，供电装置容量选型及其他选型设计内容可参考《电除尘器供电装置选型设计指导书》。

F.4.2 高频高压电源

高频高压电源是新一代的电除尘器供电电源，其工作频率为几十千赫兹。它不仅具有质量轻、体积小、结构紧凑、三相负载对称、功率因数和效率高的特点，更具有优越的供电性能。大量的工程实例证明，基于脉冲工作的高频电源在提高除尘效率、节约能耗方面，具有非常显著的效果；而高频电源工作在纯直流方式下，可以大大提高粉尘荷电量，提高除尘效率。

F.4.2.1　高频高压电源原理

高频电源采用现代电力电子技术，将三相工频电源经三相整流成直流，经逆变电路逆变成 10kHz 以上的高频交流电流，然后通过高频变压器升压，经高频整流器进行整流滤波，形成几十千赫兹的高频脉动电流供给电除尘器电场。高频高压电源原理框图如图 F.5 所示。高频电源主要包括三个部分：逆变器、变压器和控制器。其中，全桥变换器实现直流到高频交流的转换，高频变压器/高频整流器实现升压整流输出，为电除尘器提供供电电源。其功率控制方法有脉冲高度调制、脉冲宽度调制和脉冲频率调制三种方法。高频电源的供电电流由一系列窄脉冲构成，其脉冲幅度、宽度及频率均可以调整。这就意味着可以给电除尘器提供从纯直流到脉冲的各种电压波形，因而可以根据电除尘器的工况，提供最佳电压波形，达到节能减排的效果。

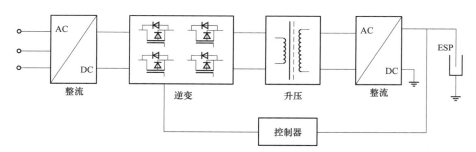

图 F.5　高频高压电源原理框图

F.4.2.2　高频电源的技术特点

高频电源具有以下技术特点：

a）高频电源在纯直流供电条件下，可以在逼近电除尘器的击穿电压下稳定工作，这样就可以使其供给电场内的平均电压比工频电源供给的电压提高 25%～30%。一般纯直流方式应用于电除尘器的前电场，电晕电流可以提高一倍。

b）高频电源工作在脉冲供电方式时，其脉冲宽度在几百微秒到几毫秒之间，在较窄的高压脉冲作用下，可以有效提高脉冲峰值电压，增加高比电阻粉尘的荷电量，克服反电晕，增加粉尘驱进速度，提高电除尘器的除尘效率并大幅度节能。

c）控制方式灵活，可以根据电除尘器的具体工况提供最合适的波形电压，提高电除尘器对不同运行工况的适应性。

d）高频电源本身效率和功率因数均可达 0.95，远远高于常规工频电源。同时高频电源具有优越的脉冲供电方式，所以节能效果比常规电源更为显著。

e) 高频电源可在几十微秒内关断输出，在很短的时间内使火花熄灭，5ms～15ms 恢复全功率供电。在 100 次/min 的火花率下，平均输出高压无下降。

f) 体积小，重量轻（约为工频电源的 1/5 至 1/3），控制柜和变压器一体化，并直接在电除尘顶部安装，节省电缆费用 1/3。由于不单独使用高压控制柜，还可以减少控制室的面积，降低了基建的工程造价。

F.4.3 三相工频高压电源

F.4.3.1 三相工频高压电源原理

三相工频高压电源是采用三相 380VAC/50Hz 交流输入，各相电压、电流、磁通的大小相等，相位上依次相差 120°，通过三路六只可控硅反并联调压，经三相变压器升压整流，对电除尘器供电。三相工频高压电源电网供电平衡，无缺相损耗，可以减少初级电流，设备效率较常规电源高。

同常规单相高压电源比较，三相电源输出电压的纹波系数较小，二次平均电压高，输出电流大，对于中、低比电阻粉尘，需要提高运行电流的场合，可以显著提高除尘效率。

三相工频高压电源电路原理框图如图 F.6 所示。

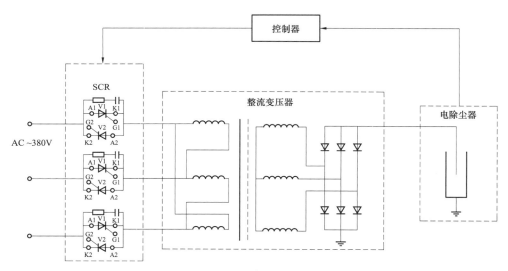

图 F.6 三相工频高压电源原理框图

F.4.3.2 技术特点

三相工频高压电源具有以下技术特点：

a) 输出直流电压平稳，较常规电源波动小，运行电压可提高 20%以上，可提高除尘效率。

b) 三相供电平衡，提高设备效率，有利于节能。

c) 三相电源在电场闪络时的火花强度大，火花封锁时间更长，需要采用新的火花控制技术和抗干扰技术。

F.4.4　脉冲高压电源

F.4.4.1　脉冲高压电源原理

脉冲高压电源以窄脉冲（120μs 及以下）电压波形输出为基本工作方式，其主要目的是在不降低或提高除尘器运行峰值电压的情况下，通过改变脉冲重复频率调节电晕电流，以抑制反电晕的发生，使电除尘器在收集高比电阻粉尘时有更高的收尘效率。

F.4.4.2　脉冲高压电源技术特点

常见的脉冲供电装置有三种类型：

a)　第一种类型是脉冲高压电源装置使用火花间隙产生脉冲。这种方法虽然装置简单费用较低，然而要求有高精度的维护水平。其脉冲宽度在微秒量级或更窄，工作峰值电压比常规电源提高较显著，但目前功率容量相对较小。

b)　第二种类型是采用贮能式原理，由贮能电容、脉冲变压器漏抗以及电除尘器电容组成串联振荡电路产生脉冲，在脉冲期间未被电除尘器耗用的脉冲能量通过反馈二极管回送到贮能电容贮存起来，以供下一个脉冲使用，因此具有显著的节能优点。这种供电装置的典型技术参数是：脉冲宽度 75μs～120μs，脉冲重复频率 25pps～400pps，基础直流电压 40kV，脉冲幅值 70kV。上述两种装置都常常设有独立的变压整流器来产生基础直流电压，在此基础上叠加高压脉冲。

c)　第三种类型是多脉冲供电装置。这种装置的特点是基础直流电压和叠加的脉冲都取自同一个特殊的变压整流器，所产生的脉冲是每间隔 3ms～100ms 发出 50μs～100μs 宽的短脉冲群。其运行原理是连接在高压变压器后的电容器被充电，电能通过晶体管链经电感传送到除尘器形成振荡电路。此电能在其基本部分消耗在电除尘器中之前是来回振荡的，因而每一次振荡产生的脉冲是由许多挨得很紧密脉冲组成的短脉冲群。

F.4.5　节能减排的实用技术

高低压一体化控制技术、间歇脉冲节能运行技术、减功率振打/断电振打控制技术、反电晕控制技术已在提效改造和新建项目中得到了广泛的应用。虽然不同厂家的具体技术名称有所不同，其原理本质是一致的，推荐作为进一步提高电除尘器提效节能运行的实用技术。

科学合理选择高压电源的控制特性，并根据动态阻抗智能化调节低压振打时序，是提高除尘效率的有力武器。这些技术的应用均已比较成熟，同时也在不断的改进与完善中。研究与实践表明：在满足排放要求或除尘效率的前提下，电除尘器具有很大的节电潜力，经济效益明显。

参 考 文 献

［1］DG-CC-95-40. 火力发电厂电除尘器规范书.

［2］Kjell porle (ed.), Steve L francis, Keith M Bradburn. Electrostatic Precipitators for industrial applications (Industrial Ventilation Systems and Equipment). Rehva / CostG3. 2006.

［3］郦建国，等.电除尘器［M］. 北京：中国电力出版社，2011.

［4］郦建国，刘云. 中国煤种成分及其对电除尘器性能影响分析和电除尘器适应性评价［J］. 科技导报，2010:28(7).

［5］郦建国，吴泉明，余顺利，等. 燃煤电站电除尘器提效改造技术路线的选择［J］. 中国环保产业，2013：381～385.

［6］Yoshio Nakayama, Satoshi Nakamura, Yasuhiro Takeuchi, *et al*. MHI High Efficiency System – Proven technology for multi pollutant removal [R]. Hiroshima Research & Development Center. 2011:1～11.

［7］柴田憲司，三重野光博，山本卓也. 電気集塵方法. 日本国特許庁（JP）. 2000，5.

［8］Altman R，Buckley W,Ray I. Wet electrostatic precipitation：demonstration promise for fine particulate control：Part II ［J］. Journal of Power Engineering, 2001, 105(1)：42～44.

［9］Toshiaki Misaka, Tadshi oura, Minoru Yamazak. Recent Application and Reliability Improvement of Moving Electrode type Electrostatic Precipitator [C]．第十一届全国电除尘学术会议论文集. 2005.

［10］郦建国，梁丁宏，余顺利，等. 燃煤电厂 $PM_{2.5}$ 捕集增效技术研究及应用［C］. 第十五届中国电除尘学术会议论文集. 2013.

［11］黄三明，陆春媚.燃煤电厂 SCR 烟气脱硝对电除尘器的影响［C］. 第十四届中国电除尘学术会议论文集. 2011.

第 2 部分

电除尘器供电装置选型设计指导书

目　次

前　言

本指导书由中国环境保护产业协会电除尘委员会组织编制，并委托福建龙净环保股份有限公司、厦门绿洋电气有限公司负责编写。

本指导书主要编写人员：邹标、郭俊、谢友金等。

本指导书评审专家：黄炜、舒英钢、林尤文、刘卫平、蒋庆龙、陈焕其、曹为民、蒋云峰、谢小杰、郑国强、陈宇渊、赵富、魏文深、冯肇霖、杨羽军、郑伟良、徐建达、卢泽锋、张谷勋、丁铭、赵惠、钟剑锋。

本指导书由中国环境保护产业协会电除尘委员会负责解释。

电除尘器供电装置选型设计指导书

1　目的

本指导书旨在推动电除尘行业供电装置及其节能提效运行控制的技术进步，指导电除尘行业科学合理地进行供电装置的选型设计，帮助电除尘使用者和设计者掌握各种类型供电装置的性能特点，引导用户合理选用供电装置并有效地管理运行，以提升行业整体控制技术及节能运行技术的水平，确保电除尘器供电装置设备性能满足国家节能减排新要求。

本指导书规范了电除尘器配套供电装置的术语、定义、分类，通过对各种主要影响电除尘性能的设计输入条件（含灰成分和比电阻等）的梳理，和对目前国内几种常用和新型供电装置的详细分析，提出了供电装置选型设计和节能运行的指导意见，包括：选型设计条件和要求、各类型供电装置的适应性、电源类型选择、技术参数选型以及几种推荐实用节能提效技术。本指导书可以为电除尘器供货单位、建设单位及运行管理部门科学合理地选择电除尘器供电装置提供技术支持。

2　范围

本指导书适用于除尘、除雾、除焦油、脱水及其他环境保护用途的电除尘器的供电装置选型设计和运行指导。

3　术语和定义

下列术语和定义适用于本指导书。

3.1

输入电压

指高压电源装置输入电压有效值，表示符号：U_i，单位：V。

3.2

输入电流

指高压电源装置输入电流有效值，表示符号：I_i，单位：A。

3.3

输出电压

指高压电源装置输出电压的平均值，表示符号：U_o，单位：kV。

3.4

输出电流

指高压电源装置输出电流的平均值，表示符号：I_o，单位：mA 或 A。

3.5

输出电压峰值

指高压电源输出电压的峰值，表示符号：U_p，单位：kV。

3.6

输入标称功率

指额定输出电压输出电流下高压电源输入视在功率，表示符号：S_i，单位：kVA。

3.7

输入有功功率

指高压电源输入功率的平均值，表示符号：P_i，单位：kW。

3.8

设备功率因数

指高压电源输入有功功率与输入视在功率之比，表示符号：$\lambda = P_i / S_i$。

3.9

直流输出功率

指高压电源输出到电除尘器的直流平均功率，在供电装置直流输出情况下，它等于平均电压与平均电流的乘积。表示符号：P_o，单位：kW。

3.10

设备效率

指电源装置直流输出功率与输入有功功率之比，表示符号：$\eta = P_o / P_i$。

3.11

电除尘器设备容量

指电除尘器所有配套电气设备（高压供电设备、低压振打、加热控制设备等）的额定容量（输入标称功率）的总和，单位：kVA。

3.12

计算负荷

指电除尘器所有配套电气设备在电除尘器设计阶段采用经验系数法估算得出常规运行时的平均功耗，它是对电除尘器功耗预测的参考值，单位：kW。

3.13

常规运行功耗

指电除尘器所有配套电气设备在常规运行（未采用节能）时的实际平均功耗，单位：kW。

3.14

节能运行功耗

指电除尘器所有配套电气设备采用节能运行方式时的实际平均功耗，单位：kW。

4　供电装置的分类

4.1　按工作频率分类

高压电源可分为工频高压电源、中频高压电源、高频高压电源。工频高压电源的工作频率为当地市电 50Hz 或 60Hz；高频高压电源采用逆变工作方式，工作频率一般在 10kHz 以上；中频高压电源的工作频率介于工频和高频两者之间，一般为 400Hz～2kHz。

4.2　按电源输入形式分类

高压电源可分为单相电源输入的高压电源和三相输入的高压电源。三相工频高压电源输入电源为三相，高频高压电源、中频高压电源的输入电源一般为三相；常规工频高压硅整流电源属于单相输入高压电源范畴。

4.3　按输出形式分类

高压电源可分为直流高压电源和脉冲高压电源。直流高压电源一般具有直流输出和间歇脉冲输出两种工作方式，工频直流电源的间歇脉冲输出电压波形的宽度（全导通的情况下）为 10ms 或 8.33ms；高频高压电源可输出最小脉冲电压波形宽度为毫秒至几百微秒。脉冲高压电源的脉冲电压波形宽度一般在 120μs 以下，脉冲电压波形宽度在几微秒或更低的脉冲电源称为窄脉冲电源。

5　选型设计条件和要求

5.1　本体设计参数（以燃煤电厂为例）

5.1.1　电除尘器入口烟气量，m^3/h（BMCR 工况状态）：

　　a)　　设计煤种；

　　b)　　校核煤种。

5.1.2　电除尘器入口烟气温度，℃。

5.1.3　噪声，dB（A）。

5.1.4　电除尘器进口处烟气最大含尘浓度，g/m^3。

5.1.5　电除尘器出口处的排放浓度，mg/m^3。

5.1.6　设计除尘效率，%。

5.1.7　保证除尘效率，%。

5.2　本体结构参数

5.2.1　每台炉（窑）配电除尘器台数；

5.2.2　同极间距，mm；

5.2.3　电场数，个；

5.2.4　总集尘面积，m^2；

5.2.5　比集尘面积（SCA），$m^2/(m^3 \cdot s^{-1})$。

5.3　煤、灰性质（以燃煤电厂为例）

5.3.1　飞灰成分分析，见表 1。

表1　飞 灰 成 分 分 析

序号	名　　称	符号	单位	设计煤种	校核煤种
1	二氧化硅	SiO_2	%		
2	氧化铝	Al_2O_3	%		
3	氧化铁	Fe_2O_3	%		
4	氧化钙	CaO	%		
5	氧化镁	MgO	%		
6	氧化钠	Na_2O	%		
7	氧化钾	K_2O	%		
8	氧化钛	TiO_2	%		
9	三氧化硫	SO_3	%		
10	五氧化二磷	P_2O_5	%		
11	二氧化锰	MnO_2	%		
12	氧化锂	Li_2O	%		
13	飞灰可燃物	Cfh	%		

5.3.2 飞灰比电阻分析。

　　a)　飞灰容积比电阻（实验室比电阻）$\Omega \cdot cm$。

　　飞灰容积比电阻测定方法；飞灰容积比电阻分析见表2。

表2　飞灰容积比电阻分析

序号	测试温度 ℃	湿　度 %	比　电　阻　值 $\Omega \cdot cm$	
			设计煤种	校核煤种
1	20（常温）			
2	80			
3	100			
4	120			
5	140			
6	150			
7	160			
8	180			

　　b)　飞灰工况比电阻（现场比电阻），$\Omega \cdot cm$。

5.3.3 煤质分析。

　　a)　煤质工业分析；

　　b)　煤质元素分析。

5.4　厂址气象和地理条件

　　厂址气象和地理条件见表3。

表 3　厂址气象和地理条件

序号	名　　称	单　位	数　　值
1	厂址	—	
2	海拔高度	m	
3	多年平均最高气温	℃	
4	多年平均最低气温	℃	
5	极端最高温度	℃	
6	极端最低温度	℃	

5.5　达到除尘效率的条件和要求

5.5.1　电除尘器供电装置的选型，应根据以上设计条件，结合供方技术经验进行确定。

5.5.2　电除尘器本体和供电装置应在以上设计条件下共同保证达到除尘效率。当用户需要时，可按校核煤种或最差煤种考虑，但应予以说明。

6　供电装置的适用性

科学合理选用电除尘器供电装置的类型是一件非常重要的工作，选择合适的供电装置类型首先要掌握各种供电装置的基本原理、主要特点和适用范围。近年来出现的各种新型高压电源各具特点，应该根据电除尘器项目的具体特点选择合适的电源或电源组合，本章中各种供电装置的适用性描述可用于指导和帮助用户合理选用供电装置。

6.1　高频高压电源

高频高压电源是新一代的电除尘器供电电源，其工作频率为几十千赫兹。它不仅具有重量轻、体积小、结构紧凑、三相负载对称、功率因数和效率高的特点，更具有优越的供电性能。大量的工程实例证明，基于脉冲工作的高频电源在提高除尘效率、节约能耗方面，具有非常显著的效果；而高频电源工作在纯直流方式下，可以大大提高粉尘荷电量，提高除尘效率。

6.1.1　高频电源的原理

高频电源采用现代电力电子技术，将三相工频电源经三相整流成直流，经逆变电路逆变成 10kHz 以上的高频交流电流，然后通过高频变压器升压，经高频整流器进行整流滤波，形成几十千赫兹的高频脉动电流供给电除尘器电场。高频高压电源原理框图如图 1 所示。高频电源主要包括三个部分：逆变器、变压器和控制器。其中全桥变换器实现直流到高频交流的转换，高频变压器/高频整流器实现升压整流输出，为电除尘器提供供电电源。其功率控制方法有脉冲高度调制、脉冲宽度调制和脉冲频率调制三种方法。高频电源的供电电流由一系列窄脉冲构成，其脉冲幅度、宽度及频率均可以调整。这就意味着可以给电除尘器提供从纯直流到脉冲的各种电压波形，因而可以根据电除尘器的工况，提供最佳电压波形，达到节能减排的效果。

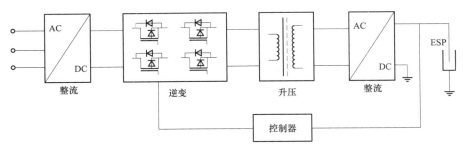

图 1　高频高压电源原理框图

6.1.2　高频电源的技术优势和主要特点

6.1.2.1　高频电源在纯直流供电条件下，可以在逼近电除尘器的击穿电压下稳定工作，这样就可以使其供给电场内的平均电压比工频电源供给的电压提高 25%～30%。一般纯直流方式应用于电除尘器的前电场，电晕电流可以提高一倍，已有案例表明可使烟尘排放降低约 30%～50%。

6.1.2.2　高频电源工作在脉冲供电方式时，其脉冲宽度在几百微秒到几毫秒之间，在较窄的高压脉冲作用下，可以有效提高脉冲峰值电压，增加高比电阻粉尘的荷电量，克服反电晕，增加粉尘驱进速度，提高电除尘器的除尘效率并大幅度节能。

6.1.2.3　控制方式灵活，可以根据电除尘器的具体工况提供最合适的波形电压，提高电除尘器对不同运行工况的适应性。

6.1.2.4　高频电源本身效率和功率因数均可达 0.95，远远高于常规工频电源。同时高频电源具有优越的脉冲供电方式，所以节能效果比常规电源更为显著。

6.1.2.5　高频电源可在几十微秒内关断输出，在很短的时间内使火花熄灭，5ms～15ms 恢复全功率供电。在 100 次/min 的火花率下，平均输出高压无下降。

6.1.2.6　体积小，重量轻（约为工频电源的 1/5 至 1/3），控制柜和变压器一体化，并直接在电除尘顶部安装，节省电缆费用 1/3。由于不单独使用高压控制柜，还可以减少控制室的面积，降低基建的工程造价。

6.1.3　高频电源供电的推荐应用场合

6.1.3.1　高频电源应用于高粉尘浓度的电场，可以提高电场的工作电压和荷电电流。特别是在电除尘器入口粉尘浓度高于 $30g/m^3$ 和高电场风速（大于 1.1m/s）时，应优先考虑在第一电场配套应用高频高压电源。

6.1.3.2　当粉尘比电阻比较高时，电除尘器后级电场选用高频电源，应用间歇脉冲供电工作方式以克服反电晕，可提高除尘效率并节能。

6.1.3.3　以节能为主要目的应用中，可以在整台电除尘器配置高频电源。但需要对粉尘和工况条件进行全面的分析，并同时应用断电（减功率）振打等技术配合。必要时需请专业技术人员进行烟尘工况的现场诊断和评估。

6.2　常规工频高压电源

常规工频高压电源是电除尘器目前最为成熟和应用最多的电源。经过长期的使用和完善，已形成稳定可靠的控制技术和成熟的生产工艺，控制性能已实现了多样化。随着电子技术的发展和进步，数字化智能化成为电除尘电源发展的主导方向，越来越多的电除尘厂商加大电控系统的研发力度，不断地探索研究，开发出更为先进的智能化控制系统，在常规电源的节能、提效方面成效显著，以满足目前市场上对常规工频电源的需求。

6.2.1　常规工频高压电源的原理

常规工频高压电源采用单相 380V 交流输入，通过两只可控硅反并联调压，经单相变压器升压整流实现对电除尘器的供电。原理框图如图 2 所示。

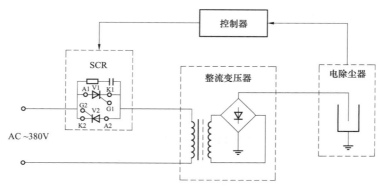

图 2　单相电源原理框图

6.2.2　常规工频高压电源的特点

6.2.2.1 　现代工频高压电源均采用了先进的智能型控制器，比传统的模拟控制具有更强的智能控制性能和更高的可靠性，确保电除尘器高效运行；它内置了自动分析电除尘器的电场工况特性，降功率振打和反电晕控制等技术，具备了独立的控制和优化能力，拥有更加完善的火花跟踪和处理功能。

6.2.2.2 　采用智能控制器作为电除尘核心控制器，具有节能功能，通过专业工程师现场优化设定以后，运行能耗将不大于额定设计容量的三分之一；具有灵活多变的控制方式，根据不同的工况状态，选择不同的工作方式。一般具有以下几种工作方式：火花跟踪控制方式、最高平均电压控制方式、间歇脉冲控制方式、恒定火花率控制方式、反电晕检测控制方式、临界火花控制方式等。

6.2.2.3 　采用多种先进的数字通信方式如以太网通信（TCP/IP 通信方式）、现场总线通信方式、串行通信方式等，与上位机系统通信；接受上位机传达的操作指令和向上传送运行参数和状态设定；能在上位机上设定电流、设定控制方式，能远程启动、远程停机。在上位机失效情况下，智能控制器可以作为一个独立单元进行操作，控制柜可完全独立运行，并接受操作人员的手动控制。

6.2.2.4 　具有负载短路、负载开路、SCR 短路、过流保护、偏励磁保护、油温超限保护和自检恢复功能等。

6.2.2.5 　可以实现高、低压控制一体化设计，在高压控制柜实现部分低压控制；控制器除了控制整流变压器外，还有另外的 I/O 接口，用来控制振打电机、加热器或排灰电机。

注：高频电源、中频电源、三相电源等新型电源均采用先进的智能数字控制器，都具有以上 6.2.2.3 条～6.2.2.5 条类似的技术特点，不再另行叙述。

6.2.3 常规工频高压电源的推荐应用场合

常规工频高压电源是一种经典的电除尘器供电设备。技术成熟，运行可靠，维护简便，适用于绝大多数电除尘工况应用条件。与高频电源等新型电源相比，在克服高浓度粉尘电晕封闭和高比电阻反电晕等方面略显不足，功率因数和设备效率也较低。

6.3 中频高压电源

6.3.1 中频高压电源的原理

中频电源具有与高频电源相类似的特点：电源三相输入，三相供电平衡，无缺相损耗，功率因数与电源效率均可达 0.9。从结构上看，中频高压电源采用控制柜与变压整流分体式结构，结构形式与常规电源相同。由于其结构与常规工频电源相同，中频电源也具有常规电源的特点，如维护方便、可靠性高、大功率实现容易等。

中频电源的工作频率一般在几百赫兹。输出电压纹波较常规工频电源小。中频电源输入电场的平均直流电压比工频电源高出约 20%。中频电源的输出电压纹波系数小于 5%，避免了工频电源纹波大峰值电压在电场中容易出现闪络的问题，从而提高了电除尘器电场的直流电压，达到提高电除尘器除尘效率的目的。原理框图如图 3 所示。

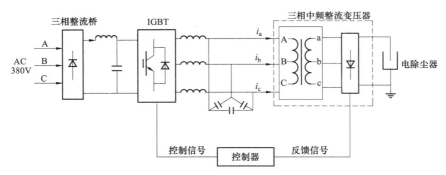

图 3 中频高压电源的原理框图

6.3.2 中频高压电源的主要特点

6.3.2.1 中频电源采用三相输入，用电三相平衡，无缺相损耗，可以减少初级电流；采用调幅调压方式，功率因数高，可提高电能的利用率。

6.3.2.2 中频电源采用 AC→DC→AC→DC 的变流技术。

6.3.2.3 中频电源整流变压器体积小，重量轻，比常规工频电源变压器体积小 1/3，安装方便，与常规工频电源相比，中频电源的适应性更强。其输出功率与输入功率之比可达 0.9，比常规工频电源有更高的电能利用率。

6.3.2.4 输出电压的纹波系数小，电压峰谷值与平均值基本一致，纹波系数小于工频电源，可有效地提高电场输入功率。

6.3.2.5 有好的火花控制特性，中频电源的火花关断时间较小，火花能量较小，电场恢复快,可有效提高电场的平均电压,并能自动适应工况条件的变化,无需人工调节。闪络火花能量小于工频电源。

6.3.2.6　间歇供电方式可任意调节占空比,脉宽最小可达到 2.5ms;具有灵活的间歇比组合,可抑制反电晕现象,适用于高比电阻粉尘工况。

6.3.3　中频高压电源的推荐应用场合

6.3.3.1　中频电源应用于高粉尘浓度的电场,可以提高电场的工作电压和荷电电流。

6.3.3.2　当粉尘比电阻比较高时,中频电源应用脉冲供电以克服反电晕。

6.4　三相工频高压电源

6.4.1　三相工频高压电源的原理

　　三相工频高压电源是采用三相 380VAC/50Hz 交流输入,各相电压、电流、磁通的大小相等,相位上依次相差 120°,通过三路六只可控硅反并联调压,经三相变压器升压整流,对电除尘器供电。三相工频高压电源电网供电平衡,无缺相损耗,可以减少初级电流,设备效率较常规电源高。

　　同常规单相高压电源比较,三相电源输出电压的纹波系数较小,二次平均电压高,输出电流大,对于中、低比电阻粉尘,需要提高运行电流的场合,可以显著提高除尘效率。

　　三相工频高压电源电路原理框图如图 4 所示。

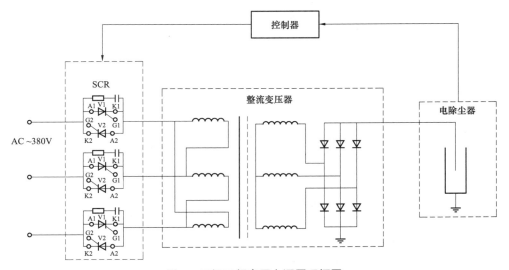

图 4　三相工频高压电源原理框图

6.4.2　三相工频高压电源的主要特点

6.4.2.1　输出直流电压平稳,较常规电源波动小,运行电压可提高 20%以上,可提高除尘效率。

6.4.2.2　三相供电平衡,提高设备效率,有利于节能。

6.4.2.3　三相电源在电场闪络时的火花强度大,火花封锁时间更长,需要采用新的火花控制技术和抗干扰技术。

6.4.3　三相工频高压电源的推荐应用场合

6.4.3.1　三相电源应用于高粉尘浓度的电场，可以提高电场的工作电压和荷电电流。

6.4.3.2　适合应用于电除尘器比较稳定的工况条件。

6.5　脉冲高压电源

脉冲高压电源以窄脉冲（120μs 及以下）电压波形输出为基本工作方式，其主要目的是在不降低或提高除尘器运行峰值电压的情况下，通过改变脉冲重复频率调节电晕电流，以抑制反电晕的发生，使电除尘器在收集高比电阻粉尘时有更高的收尘效率。

6.5.1　脉冲高压电源的原理及主要特点

常见的脉冲供电装置有三种类型。

第一种类型是脉冲高压电源装置使用火花间隙产生脉冲。这种方法虽然装置简单费用较低，然而要求有高精度的维护水平。其脉冲宽度在微秒量级或更窄，工作峰值电压比常规电源提高较显著，但目前功率容量相对较小。

第二种类型是采用贮能式原理，由贮能电容、脉冲变压器漏抗以及电除尘器电容组成串联振荡电路产生脉冲，在脉冲期间未被电除尘器耗用的脉冲能量通过反馈二极管回送到贮能电容贮存起来，以供下一个脉冲使用，因此具有显著的节能优点。这种供电装置典型技术参数是：脉冲宽度 75μs～120μs，脉冲重复频率 25pps～400pps，基础直流电压 40kV，脉冲幅值 70kV。上述两种装置都常常设有独立的变压整流器来产生基础直流电压，在此基础上叠加高压脉冲。

第三种类型是多脉冲供电装置。这种装置的特点是基础直流电压和叠加的脉冲都取自同一个特殊的变压整流器，所产生的脉冲是每间隔 3ms～100ms 发出 50μs～100μs 宽的短脉冲群。其运行原理是连接在高压变压器后的电容器被充电，电能通过晶体管链经电感传送到除尘器形成振荡电路。此电能在其基本部分消耗在电除尘器中之前是来回振荡的，因而每一次振荡产生的脉冲是由许多挨得很紧密脉冲组成的短脉冲群。

6.5.2　脉冲高压电源的推荐应用场合

脉冲高压电源主要用于克服高比电阻粉尘反电晕、提高除尘效率的场合。

脉冲供电对电除尘器的改善程度通常可由驱进速度的改善系数来评估，其定义是电除尘器用新的供电方式与用常规直流供电时驱进速度之比。现场试验表明，改善系数与粉尘比电阻关系很大，它将随粉尘比电阻的增加而迅速增加。对于高比电阻粉尘，改善系数可达 2 以上。脉冲供电方式已在世界上被认为是改善电除尘器性能和降低能耗最有效的方式。但脉冲电源解决可靠性问题的难度较大，加之成本较高，目前在国内应用较少。

6.6　恒流高压直流电源

恒流高压直流电源具有恒流输出特性，功率因数高、工作连续可靠等优点，在很多特殊除尘环境，如电除雾和电捕焦，已得到广泛的应用。

6.6.1　恒流高压直流电源的原理

如图 5 所示，恒流源电路包括三个部分：第一部分为 L–C 谐振变换器，每个变换器由电感 L 和电容 C 组成一个回路网络，将电压源转换成电流源；第二部分为直流高压发生器 T/R；第三部分为反馈控制电路，主要由半导体器件和接触器构成。两相交流电压源输入经 L–C 谐振变换为电流源，然后经升压整流输出直流高压，为电除尘器提供高压电源，反馈控制电路为高压输出提供闭环控制。

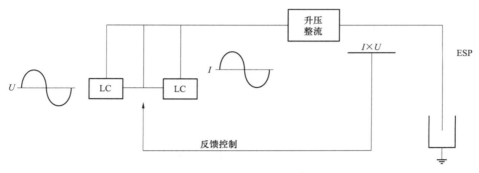

图 5　恒流高压直流电源原理框图

6.6.2　恒流高压直流电源的主要特点

6.6.2.1　具有恒流输出特性。

6.6.2.2　电流反馈控制，能自动适应工况变化。

6.6.2.3　采用并联模块化设计，结构清晰，故障率低，最大程度保障可连续工作。

6.6.2.4　功率因数高，$\cos\varphi \geqslant 0.90$，而且不随运行功率水平而变化。

6.6.2.5　输入、输出电压为完整的正弦波，不干扰电网。

6.6.2.6　大容量恒流高压电源成本较高。

6.6.3　恒流高压直流电源的推荐应用场合

电除雾和电捕焦，常用于现场条件恶劣、小容量的场合。

7　供电装置的设备容量选型

7.1　电流容量选型

7.1.1　板电流的选型

板电流密度的选择，应是根据各种电晕线形式、极配形式，结合电除尘器在具体烟气工况中运行的实际电流，区别前后电场电流密度的差别，适当考虑空载试验的需求来确定。以常规电源为例，板电流密度一般在 $0.2\text{mA/m}^2 \sim 0.5\text{mA/m}^2$ 范围内选取。对于放电性能较弱的线性放电电极，电流等级可低一些，对于放电性能较强的针尖放电电极，电流密度可选高值。电流密度的选择与粉尘性质密切相关，粉尘比电阻值较高，板电流密度取较低值。从理论上讲前后级电场的电流密度是不一样的，是要区分选型的。前电场考虑空间电荷的屏蔽作用，电流密度选小些。

7.1.2　线电流的选型

电晕线的线电流密度可以作为电流选型的参考而使用，但使用时特别要注意电晕线与极板的配置形式,比如有的线型如针刺线、螺旋线,是一块极板配两根或两根以上极线的。

根据放电形式,电晕线大致有三种类型:点放电型,如芒刺线;线放电型,如星形线;面放电型,如圆线等。

我国电除尘器应用了许多种电晕线,由于电晕线的形状不同,其起晕电压和线电流密度均不相同。在同极距为400mm的情况下,线电流密度一般按0.10mA/m～0.21mA/m选取。确定线电流密度应考虑极线形式以及烟尘性质,粉尘比电阻较高,则线电流密度选取较低值。

对于放电性能较好的极线,如管状芒刺线,可按0.15mA/m～0.21mA/m选取,锯齿线可按0.12mA/m～0.20mA/m选取,星形线可按0.08mA/m～0.12mA/m选取。

7.1.3 电流容量的选型

供电装置的容量选型按收尘极板的电流为主要参数来进行,并参考电晕极的极配形式、线电流密度,来确定供电装置的电流容量。也就是说供电装置的电流容量选型,应以收尘极板电流密度为主,电晕极线电流密度为辅进行设计选型更为合理。供电装置的电源容量是由已选择的板电流密度和供电区域内集尘面积大小,再考虑一定的设计余量(一般5%)来确定。合理确定电除尘器的电流容量,不仅节省投资,减少电耗,而且有利于电场的稳定运行。特别要注意的是,电源电流容量选择虽要留有一定余量,但不是选得越高越好,而是要根据实际工况的运行电流而定。以常规工频高压电源为例,如果电源电流容量选得过大,而实际运行电流小,使T/R阻抗压降减小,输出电流波形变陡,闪络电压下降,导通角减小,最后导致运行平均电压平均电流降低。因此,T/R的电压、电流选取要尽量和电场匹配,使导通角增大,运行的二次电压增高。

表4 各种放电线与不同高压电源的板电流密度选型推荐表(同极距400mm)

单位:mA/m^2

极线形式	电源形式	第一电场	第二电场	第三电场	第四电场	第五电场
点放电线型	常规工频高压电源	0.30～0.40	0.32～0.42	0.35～0.45	0.35～0.45	0.35～0.45
	高频高压电源	0.30～0.45	0.32～0.45	0.35～0.45	0.35～0.45	0.35～0.45
线放电线型	常规工频高压电源	0.25～0.35	0.27～0.37	0.30～0.40	0.30～0.40	0.30～0.40
	高频高压电源	0.25～0.40	0.27～0.40	0.30～0.40	0.30～0.40	0.30～0.40
面放电线型	常规工频高压电源	0.20～0.30	0.22～0.32	0.25～0.35	0.25～0.35	0.25～0.35
	高频高压电源	0.20～0.35	0.22～0.35	0.25～0.35	0.25～0.35	0.25～0.35

表4中所述的常规工频电源的电流密度选择是根据常规电源在火花跟踪方式下电流密度应用经验总结得出的。

高频高压电源在电除尘器前电场（第一、二电场）应用纯直流供电方式工作时可提供更高的电流密度。但高频电源在后续电场一般工作在间歇脉冲供电工作方式，此时电流密度的选择只用于确定标称额定电流，根据经验可以与常规工频电源一致。

中频电源的工作方式与高频电源类似，选择的电流密度可以参照高频电源的电流密度选择。

三相电源在前电场的电流密度选择可以参照高频电源，但后续电场如果是工作在连续直流工作方式下，则建议适当提高电流密度。

表 5 列出的常规工频电源的各种电流容量适配于常规电场的大小规格(极板面积)，高频电源、中频电源、三相电源等其他形式电源可根据各电源特点参照使用。

表 5　各种电流容量选型推荐表（单室单电场）

电 流 容 量 A	电除尘器截面积 m²	极 板 面 积 m²
0.1	9～16	250～300
0.2	18～32	500～600
0.3	26～47	750～900
0.4	35～63	1000～1200
0.5	44～79	1250～1500
0.6	53～95	1500～1800
0.7	61～110	1750～2100
0.8	70～132	2000～2500
1.0	88～158	2500～3000
1.2	105～189	3000～3600
1.4	123～221	3500～4200
1.6	140～253	4000～4800
1.8	158～284	4500～5400
2.0	175～315	5000～6000
2.2	193～345	5500～6600
2.4	211～379	6000～7200
2.6	228～411	6500～7800
2.8	246～442	7000～8400
3.0	263～474	7500～9000

7.2　电压等级选型

高压电源的电压等级选型，是根据本体不同的极间距结构、电场大小以及烟尘特性等因素确定的。在极间距一定的条件下，向电场施加的电压与电场结构形式及烟尘工况条件有关。通常电除尘器工作时的平均场强为 3kV/cm～4kV/cm，即对同极距为 300mm

的常规电除尘器，常规高压电源的平均电压可选择 45kV～60kV，相对应的峰值电压 64kV～85kV；对同极距为 400mm 的常规电除尘器，常规高压电压的平均电压可选择 60kV～72kV，相对应的峰值电压 85kV～101kV；电压等级与电场同极距关系，一般情况下的选型见表 6。

电压选型不是越高越好，而是根据各种极距、电晕线形式、极配方式，结合电除尘器在具体烟气工况中运行的实际电压，贴近实际运行电压并留有一定余量。一般对于中低比电阻粉尘而言，运行电压较高，供电装置施加到电除尘器的功率越高，除尘效率也越高。但对高比电阻粉尘而言，实际运行电压较低，当运行电压没有提高时，供电装置继续增加输入电除尘器的功率不能提高除尘效率，还有可能降低除尘效率（因为反电晕的原因）。

表 6　电场在不同极距时的额定电压选型表　　　　　　单位：kV

电源类型　＼　同极间距 mm	300	400	450
单相工频电源	60～66	66～72	72～80
高频电源	66～72	72～80	80～90
注：中频电源的工作方式与高频电源类似，选择的电压可以参照高频电源的电压等级选择；三相电源可在单相工频电源和高频电源之间的电压等级选择				

8　节能减排的实用技术

节能运行技术、减功率振打/断电振打控制技术、反电晕控制技术是降低电除尘器运行能耗、提高除尘效率有力武器，已在常规工频高压电源、高频高压电源等供电装置中得到广泛的应用，这些技术的应用均已比较成熟，同时也在不断的改进与完善中。只是不同厂家在具体的控制设备中技术名称不同，其原理本质均是类似；它们在实际应用中取得良好的节能减排效果，因此推荐作为用户进一步提高电除尘器提效节能运行的实用技术。

8.1　节能运行技术

8.1.1　节能潜力

在中低比电阻粉尘情况下，电除尘器供电功率越高，除尘效率越高，但在功率提高的过程中也浪费了一大部分电能。

在燃煤品质低下、灰分含量高的条件下，由于灰分比电阻值大，电场内经常性存在反电晕现象，这时若过分增加电除尘器供电功率，反而会加重反电晕，引起除尘效率降低。理论分析和实践证明，采用间歇脉冲供电技术能够克服高比电阻粉尘引起的反电晕，通过对脉冲间歇时间的优化调整，不但可以提高除尘效率，而且可以减少电除尘电能消耗。

当电除尘器进口烟尘负荷变化时，如果电除尘一直运行在某一固定模式下，在保证电除尘排放达标的前提下，将会白白浪费大量电能。通过闭环自动控制，此时可通过降低电源输出功率来实现保效节能。

总之，研究与实践表明：在满足排放要求或除尘效率有所提高的前提下，电除尘器具有很大的节电潜力。

8.1.2　电除尘器的能耗

关于电除尘器的能耗，要注意区分和理解电除尘器设备装机容量、计算负荷、常规运行功耗、节能运行功耗等若干不同概念。一般地，它们之间的关系是：设备装机容量＞设计功耗＞实际功耗＞节能功耗。

8.1.3　节能技术

目前研究开发出多种电除尘器节能控制技术，包括电除尘器整体节能优化控制、高压供电设备优化运行、高频电源应用、断电振打控制等。间歇供电与脉冲供电可以有效地克服反电晕，使除尘效率明显提高；而且在大多数应用场合有显著的节能效果，其中以脉冲供电最为有效可靠，间歇供电最为方便经济，以电除尘器整体节能优化控制系统效果最为显著。

8.1.4　应用效果

节能控制技术已得到比较广泛的应用，取得很大的经济效益与社会效益。从众多现场测试数据的统计平均结果来看，节能率可高达 60%以上，因此应大力推广电除尘节能应用。

8.2　减功率振打/断电振打控制技术

减功率振打/断电振打控制技术的主要功能是当某个电场振打器振打工作时，与之对应的高压电源实行断电或减功率运行，待振打结束后，高压电源恢复原运行状态。这样能够降低收尘极板极线的持灰力，使振打更有效地清除积灰，保持了运行中电除尘器极板极线的干净，提高收尘效率。减功率振打/断电振打的控制策略应适应除尘器本体结构的多样性和入口的烟尘工况特性的变化。

减功率振打/断电振打控制的要点是，高压断电的时间要短，以免产生较大断电扬尘，振打器的频度和力度在断电振打时要可调整，充分地把电场的积尘清除；振打时间短、振打频度和力度可在线调整的振打器更适宜断电振打或减功率振打工作方式。

8.3　反电晕控制技术

所谓反电晕是沉积在收尘极表面上的高比电阻粉尘层产生的局部放电现象。荷电后的高比电阻粉尘到达收尘极后，电荷不易释放，随着沉积在极板上的粉尘增厚，在粉尘层间形成较大的电位梯度，当其中的电场强度达到临界值时，就在粉尘层产生局部击穿，产生与电晕极极性相反的正离子，正离子受电场力的作用向电晕极迁移，中和电晕区带负电的粒子，由反电晕产生的正离子流和来自电晕极的电子流相互叠加形成了很大的电流，电压降低，粉尘二次飞扬严重，收尘效率恶化。反电晕一旦发生后，如果供电电源继续增加输入功率，收尘板电流密度进一步增大，就会引发更加严重的反电晕现象，收尘效率进一步下降。反电晕表现在电场伏安曲线上的特点是：低电压和大电流，同时会出现电流上升、电压下降的负斜率情况，从而导致除尘效率的下降。因此，供电装置的控制系统应采用灵敏可靠的检测方法来检测反电晕发生与否及其程度，并加以调整和控制，达到最佳的收尘效果，这个过程称为反电晕自动控制技术。

目前，国内外优秀电源厂家生产的新型常规工频高压电源供电装置中，电晕自动控制技术得到广泛的应用，只是不同厂家在具体的控制设备中技术名称不同，其原理均类似。

参 考 文 献

［1］DG-CC-95-40. 火力发电厂电除尘器规范书.